1週間集中講義シリーズ

偏差値を30から70に上げる数学

細野真宏の
ベクトル[空間図形]が
本当によくわかる本

小学館

『数学が本当によくわかるシリーズ』の刊行にあたって

　僕はよく生徒から
「受験生のときどんな本を使ってどのように勉強していたんですか？」
と質問をされて困っています。それは
キチンと答えてもたいして参考にならないからです。
　僕は受験生の頃，参考書は全くと言っていいほど分かりませんでした。
「なんでここで この公式を使うことに気付くのか？」
「なんでここで このような変形をするのか？」など，1つ1つの素朴な
疑問について全くと言っていいほど解説してくれていなくて，一方的に
「この問題はこうやって解くものなんだ！」と解法を押しつけられていたから
です。
　だから，僕が受験生のときは（いい参考書がなかったので）決して
ベストな勉強法ができていたわけではなく，いろんな試行錯誤をしていた
のです。その意味で，この『**数学が本当によくわかるシリーズ**』は
「**僕が受験生のときに最も欲しかった参考書**」なのです。
　つまり，この本は僕の受験生の頃の経験などを踏まえ
"**全くムダがなく，最短の期間で飛躍的に数学の力を伸ばす**"
ことができるように作ったものなのです。
　だから，冒頭の質問に対して，僕は簡潔に こう答えています。
「僕の受験生の頃の失敗なども踏まえてこの本を作ったので，
　この本をやれば僕の受験生のときよりも はるかに効率のいい
　勉強ができるよ」と。

　　　　　　　　　　　　　　　　　　　　　　　　　細野　真宏

まえがき

　この本は，偏差値が30台の人から70台の人を対象に書きました。
　数学がよく分からないという人は非常に多いと思います。しかし，それは決して本人の頭が悪いから，というわけではないと思います。私は 教える人の教え方や解法が悪いからだと思います。
　私も高校生のとき全く数学が分かりませんでした。とにかく勉強が大嫌いだったので，高2までは大学へ行く気がなく（というより成績が悪すぎて行けなかった），専門学校で絵の勉強をすると決めていました。高3のはじめにすごく簡単だと言われている模試を受けました。結果は200点満点で8点！（6点だったかもしれない……）。この話をすると皆「熱でも出ていたんでしょう？」とか言って信じてくれません。熱どころかベストな体調で試験時間終了の1秒前まで必死に解答を書いていました。
　それからいろいろ考えることがあって，大学へ行こうかなぁ，などと思うようになり，ようやく数学をやり出しました。田舎の三流高校（あっ，今はそこそこいい高校になっているようです）にいたので，授業などはあてにできず独学でやりました。1年後には大手予備校の模試で全国1番になっていました。結局だいたい偏差値は80台はあり，いいときで100を超えたり（東大模試とかレベルの高い模試なら可能）していました。こんなことを言うと「なんだァこの人は頭がいいから数学ができるようになったのか」と思うかもしれないのでキチンと言っておくと，決して私は頭が良くありません。しかし，要領はいいと思います。本を読んでもらえれば，無駄がないことが分かってもらえると思います。そして，数学ができるようになるためには，決して特別な才能が必要になるわけではない，ということも分かってもらえると思います。要は，教え方によって数学の成績は飛躍的に変わり得るものなのです。
　私の講義でやっている内容は非常に高度です。しかし，偏差値が30台の人でも分かるようにしています（私がかつてそうだったから思考

過程がよく分かる)。一般に 優れた解法(▶素早く解け，応用が利く)は非常に難しく理解しにくいものです。だから普通の受験生は，まず多大な時間を費やしてあまり実用的でない教科書的な解法を学校で教わり（予備校の講義が理解できる程度の学力を身につけ）その後で予備校で優れた解法を教わることにより，ようやくそれが理解できるようになる，という過程をたどると思います。しかし，もしもいきなり優れた解法をほとんど0（ゼロ）の状態から理解することが可能なら，非常に短期間で飛躍的に成績を上げることが可能になるでしょう。

　私は普段の授業でそれを実践しているつもりです。この本はその講義をできる限り忠実に再現してみたものです。その意味でこの本は，「**短期間に 偏差値を30台から70台に上げるのに最適な本**」なのです。

　この本を読むことによって，一人でも多くの人に数学のおもしろさを分かってもらえたらうれしく思います。

　できれば，今後の参考のために，本の感想や御意見等を編集部あてに送ってください。

　横山 薫君，河野 真宏君 には原稿を読んでもらったり校正等を手伝って頂きました。
ありがとうございました。

P.S. いつも数多くの愛読者カードや励ましの手紙等が出版社から届けられて来ます。すべて読ませてもらっていますが，本当に参考になったり元気づけられたりしています。本当にありがとうございます。(忙しくて，返事があまり書けなくて申し訳ありません)

著 者

《注》 「偏差値を30から70に上げる数学」というと，「既に偏差値が70台の人はやらなくてもいいのか？」と思う人もいるかもしれませんが，実際は70から90台の読者も多く，「本質的な考え方が理解できるからやる価値は十分ある」という声も多く届いています。

目　次

問題一覧表 ———————————————————— ⑪

Section 4　空間におけるベクトルの問題 ——— *1*
　　　　　　〜平面ベクトルの応用〜

Section 5　平面のベクトル表示 ——————— *13*

Section 6　空間図形に関する応用問題 ——— *41*

Point 一覧表　〜索引にかえて〜 ———————— *148*

『ベクトル[平面図形]が本当によくわかる本』に収録

　Section 1　ベクトルの基本公式とその使い方について

　Section 2　内積とその周辺の問題

　Section 3　ベクトルの位置と面積比に関する問題

　One Point Lesson　〜組立除法と因数分解について〜

　One Point Lesson　〜成分が与えられたベクトルの問題について〜

『数学が本当によくわかるシリーズ』の特徴

『数学が本当によくわかるシリーズ』は,数Ⅰ,数A,数Ⅱ,数B,数Ⅲ,数Cから,どの大学の入試にもほぼ確実に出題される分野や,苦手としている受験生が非常に多いとされている重要な分野を取り上げています。

かなり基礎から解説していますが,その分野に関しては入試でどんなレベルの大学(東大でも!)を受けようとも必ず解けるように書かれているので,決して簡単な本ではありません。しかし,難しいと感じないように分かりやすく講義しているので,偏差値が30台の人や文系の人でもスラスラ読めるでしょう。

この本では,「**思考力**」や「**応用力**」が身に付き"**最も少ない時間で最大の学力アップが望める**"ように,1題1題について[**考え方**]を講義のように詳しく解説しています。

> ▶「シリーズのすべての本をやらないといけないんですか?」というような質問を受けますが,このシリーズは1題1題を丁寧に解説しているので結果的に冊数が多くなっています。つまり,1冊あたりの問題数は決して多くはなく,このシリーズ3〜4冊分で通常の問題集の1冊分に相当したりしています。
> そのため,実際にやってみれば どの本もかなりの短期間で読み終えることができるのが分かるはずです。
>
> 数学の勉強において最も重要なのは「**考え方**」です。
> 感覚だけで"なんとなく"解くような勉強をしていると,100題の問題があれば100題すべての解答を覚える必要が出てきます。
> しかし,キチンと問題の本質を理解するような勉強をすれば,せいぜい10題くらいの解法を覚えれば済むようになります。

 **3** この本はSection 1，2，3……と順を追って解説しているので，はじめからきちんと順を追って読んでください。最初のほうはかなり基礎的なことが書かれていますが，できる人も確認程度でいいので必ず読んでください。その辺を何となく分かっている気になって読み進んでいくと必ずつまずくことになるでしょう。"急がば回れ"です。

　一見，基礎を確認することが遠回りに思えても，実際は高度なことを理解するための最短コースとなっているのです。

 **4** 従来の数学の参考書では，**練習問題**は**例題**の類題といった意味しかなく，その解答は本の後ろに参考程度にのっているものがほとんどです。しかし，この本では**練習問題**にもキチンとした意味を持たせています。本文で触れられなかった事項を**練習問題**を使って解説したり，時には**練習問題**の準備として**例題**を作ったりもしています。

　だから，読みやすさも考え，**練習問題**の解答は別冊にしました。

Casting	
本文イラスト・デザイン・編集・著者	
➡ ほその まさひろ	

この本の使い方

とりあえず **例題** を解いてみる。（1題につき10〜30分ぐらい）

▶全く解けなくても，とりあえずどんな問題なのかは分かるはずである。どんな問題なのかすら分からない状態で解説を読んだら，解説の焦点がぼやけてしまって逆に，理解するのに時間がかかったりしてしまうので，とにかく解けなくてもいいから **10分〜30分は解く努力をしてみること** ！

解けても解けなくても ［**考え方**］ を読む。

▶その際，自分の知らなかった考え方があれば，
その考え方を **理解して覚えること** ！
また，**Point** があれば，それは **必ず暗記すること** ！

［**解答**］ をながめて **全体像を再確認する**。

▶なお，［**解答**］ は，記述の場合を想定して，
「実際の記述式の答案では，この程度書いておけばよい」という目安のもとで書いたものである。

練習問題を解く。（時間は無制限）

▶練習問題については例題で考え方を説明しているから
知識的には問題がないはずなので，例題の考え方の確認も踏まえて
練習問題は必ず自分の頭だけを使って頑張って解いてみること！
**数学は自分の頭で考えないと実力がつかないものなので，絶対に
すぐにあきらめないこと！！**

Step 1〜 Step 4 の流れで すべての問題を解いていってください。

　まぁ，人によって差はあると思うけど，どんな人でも3回ぐらいは
繰り返さないと考え方が身に付かないだろうから，**入試までに
最低3回は繰り返すようにしよう！**

（注）
　「3回もやる時間がない！」という人もきっといると思う。確かに1回目
は時間がかかるかもしれないけれど，それは問題を解くための知識があまり
ないからだよね。だけど2回目は，(多少忘れているとしても) 半分ぐらい
は頭に入っているのだから，1回目の半分ぐらいの時間で終わらせることが
できるはずだよね。さらに3回目だったら，かなりの知識が頭に入っている
ので，さらに短時間で終わらせることができるよね。
　また，「なん日ぐらいで1回目を読み終わればいいの？」という質問をよ
くされるけれど，この本に関しては1週間で終わる，というのが1つの目安
なんだ。だけど，本を読む時点での予備知識が人によってバラバラだし，1
日にかけられる時間も違うだろうから，3日で終わる人もいれば，2週間か
かる人もいると思う。だから結論的には，「**なん日かかってもいいから本に
書いてあることが完璧に分かるようになるまで頑張って読んでくれ！**」とい
うことになるんだ。とにかく，個人差があって当然なんだから，日数なんて
気にせずに理解できるまで読むことが大切なんだよ。

講義を始めるにあたって

　数学ができない人と話をしてみるとよく分かるのだが，重要な公式や考え方が全く頭に入っていない場合が多い。それで数学の問題が全く解けないので，「あぁ僕は（私は）なんて頭が悪いんだろう*!*」なんて言っている。解けないのは当たり前でしょ*!*

　何も覚えないで問題を解けるようになろうなんてアマイ，アマイ。数学ができる人を完全に誤解している。賢い人なら英単語を一つも覚えないで（知らないで）アメリカに行って会話ができるのかい？　数学も他の科目同様，とりあえずは暗記科目である*!*　どんなにできる人でも暗記という地道な努力（それだけで偏差値は60台にはいく）をしているのである。その後でようやく数学オリンピックのような考える問題を解くことができるようになり，数学のおもしろさが分かるのである。

　本書は，無駄なものは一切載せていないので，本を読んで知らなかった公式や考え方はすべて覚えること*!!*

　それから，問題を解くのはいいんだけど，結構解きっぱなしの人って多いよね。そういう人は入試の直前に泣くことになる。だって入試直前に全問を解き直すのは不可能でしょ？　だから普段からどの問題を復習すべきか，きちんと区別しておかなくてはならない。私は問題を解くとき，次のような記号を使って問題の区別を行なっている。

　　　　END の略（EASY の略なんでしょ？とよく言われる）。これは何回やっても絶対に解けるから，もう二度と解かなくてもいい問題につける。

　　　　合格の略。とりあえず解けたけど，あと 1 回くらいは解いておいたほうがよさそうな問題につける。

　　　　Again の略。あと 2〜3 回は解き直したほうがいいと思われる問題につける。

　無理にこの記号を使うことはないが，このように 3 段階に問題を分けておけば，復習するときに非常に効率がいい（例えば，直前で，どうしても時間がないときには の問題だけでも解き直せばよい）。

問題一覧表

自分のレベルや志望校に合わせて問題が選べるようになっています。とりあえず，必要なレベルから順に勉強していってください。

AA 基本問題（教科書の例題程度）；高校の試験対策にやってください。

A 入試基本問題；センター試験だけという人や数学がものすごく苦手という人は，とりあえずこの問題までやってください。

B 入試標準問題；A問題がよく分からないという人以外は，すべてやってください。

☐ の使い方

例えば，次のように使えばよい。

☒ 　cut する問題

▨ 　Ⓔ の問題

▨ 　㊎ の問題

◩ 　ag の問題

例題 18 (P.3) AA

四面体 ABCD において，辺 AB，AD の中点をそれぞれ E，F，辺 CD を 2：1 に内分する点を G，辺 BC 上の点を J とすると EG と FJ は点 H で交わるという。
このとき，$\overrightarrow{AH}$ を $\overrightarrow{AB}$，$\overrightarrow{AC}$，$\overrightarrow{AD}$ で表せ。

[東京理科大]

練習問題 16 (P.12) A

四面体 OABC において，辺 AB の中点を E，辺 OC を 2：1 に内分する点を F，辺 OA を 1：2 に内分する点を P，$\overrightarrow{BQ} = t\overrightarrow{BC}$ を満たす辺 BC 上の点を Q とする。PQ と EF が点 R で交わるとき，実数 t の値を求めよ。

[岡山大]

例題 19 (P.16) AA

四面体 OABC において，辺 AB を 1：2 に内分する点を D，線分 CD を 3：5 に内分する点を E，線分 OE を 1：3 に内分する点を F，直線 AF が平面 OBC と交わる点を G とする。
$\overrightarrow{OA} = \vec{a}$, $\overrightarrow{OB} = \vec{b}$, $\overrightarrow{OC} = \vec{c}$ とする。
(1) $\overrightarrow{OE}$ を $\vec{a}$, $\vec{b}$, $\vec{c}$ を用いて表せ。
(2) AF：FG を求めよ。

[大阪市大]

練習問題 17 (P.22) (1)(2) AA (3) A

正四面体 OABC において $\overrightarrow{OA} = \vec{a}$, $\overrightarrow{OB} = \vec{b}$, $\overrightarrow{OC} = \vec{c}$ とする。
辺 OA を 4：3 に内分する点を P，辺 BC を 5：3 に内分する点を Q とする。
(1) $\overrightarrow{PQ} = \boxed{}\vec{a} + \boxed{}\vec{b} + \boxed{}\vec{c}$ である。
(2) 線分 PQ の中点を R とし，直線 AR が △OBC の定める平面と交わる点を S とする。そのとき，
  AR：RS = $\boxed{}$：$\boxed{}$ である。
(3) cos∠AOQ = $\boxed{}$ である。

[センター試験]

例題 20 (P.24) A

右図のような三角錐 OABC において，
P は線分 OA を 2:1 に内分する点，
Q は線分 OB を 3:1 に内分する点，
R は線分 BC の中点とする。
また，この三角錐を 3 点 P，Q，R を
通る平面で切ったとき，この平面が
線分 AC と交わる点を S とする。
このとき次の問いに答えよ。

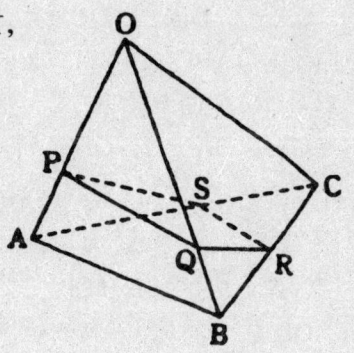

(1) $\vec{a} = \overrightarrow{OA}$, $\vec{b} = \overrightarrow{OB}$, $\vec{c} = \overrightarrow{OC}$ とする。
3 点 P，Q，R を通る平面上の任意の点 X に対して，
$\overrightarrow{OX}$ を $\vec{a}$, $\vec{b}$, $\vec{c}$ で表せ。

(2) AS:SC を求めよ。

[小樽商大]

練習問題 18 (P.31) A

四面体 OABC について以下の問いに答えよ。

(1) $\overrightarrow{OP} = l\overrightarrow{OA} + m\overrightarrow{OB} + n\overrightarrow{OC}$ とするとき，
点 P が △ABC を含む平面上にあるための条件は
$l + m + n = 1$ であることを示せ。

(2) $\overrightarrow{OP} = x\overrightarrow{OA} + y\overrightarrow{OB} + z\overrightarrow{OC}$, $x + 2y + 3z = 1$ とするとき，
点 P はいかなる図形上にあるか。

例題21 (P.32) A

$OA=3$, $OB=2$, $OC=3$, $AC=4$, $BC=2$, $\angle AOB=90°$ を満たす四面体 OABC において，3点 O, A, B を含む平面を P，点 C から平面 P に下ろした垂線の足を H とする。

さらに，$\vec{OA}=\vec{a}$, $\vec{OB}=\vec{b}$, $\vec{OC}=\vec{c}$ とおく。

(1) 内積 $\vec{a}\cdot\vec{c}$, $\vec{b}\cdot\vec{c}$ の値を求めよ。

(2) $\vec{OH}=s\vec{a}+t\vec{b}$ を満たす実数 s, t の値を求めよ。

(3) 点 C の平面 P に関する対称点を D とするとき，$\vec{OD}$ を $\vec{a}$, $\vec{b}$, $\vec{c}$ で表せ。

練習問題19 (P.40) A

辺の長さが1である正四面体 OABC がある。点 G は，
$$4\vec{OG}=\vec{OA}+\vec{OB}+\vec{OC}$$
を満たし，3点 P, Q, R は，それぞれ辺 OA, OB, OC 上にある。

(1) $0<p<1$, $0<q<1$, $0<r<1$ を満たす p, q, r に対して $\vec{OP}=p\vec{OA}$, $\vec{OQ}=q\vec{OB}$, $\vec{OR}=r\vec{OC}$ とする。

点 G が △PQR を含む平面上にあるならば，
$$4=\frac{1}{p}+\frac{1}{q}+\frac{1}{r}$$
が成り立つことを示せ。

(2) 点 R から △OAB におろした垂線の足を H とすると，
$$\vec{OH}=\frac{r}{3}(\vec{OA}+\vec{OB})$$
であることを示せ。

総合演習 1 (P.42) (1) AA (2) A (3)(i) AA (ii) B

四面体 OABC において，辺 OA の中点を P，辺 BC の中点を Q，辺 OB の中点を S，辺 CA の中点を T，辺 OC の中点を V，辺 AB の中点を W とする。

(1) $\vec{PQ} = \boxed{}\vec{OA} + \boxed{}\vec{OB} + \boxed{}\vec{OC}$ である。

(2) $\vec{PQ} \cdot \vec{ST} = \boxed{}AB^2 + \boxed{}OC^2$ である。

(3) $AB=5$, $BC=7$, $CA=8$, $\vec{PQ} \cdot \vec{ST}=6$, $\vec{ST} \cdot \vec{VW}=8$, $\vec{VW} \cdot \vec{PQ}=9$ のとき，

　(i) $OC = \boxed{}$ である。

　(ii) $\cos \angle AOB = \boxed{}$ である。　　　　　　　［センター試験］

総合演習 2 (P.61) (1) AA (2) B

一辺の長さが 1 の正四面体 ABCD がある。辺 CD を 1:2 に内分する点を E とし，辺 AD 上に任意の点 F をとり，線分 AE と線分 CF の交点を G とする。AF:AD = m:1 とおくとき，

(1) $\vec{AG}$ を $\vec{AC}$, $\vec{AD}$, m を用いて表せ。

(2) GB の長さが最短となるときの m の値とそのときの GB の長さを求めよ。　　　　　　　［日大］

総合演習 3 (P.77) (1) AA (2)(3) B (4) A

空間内の原点 O を中心とする半径 1 の球面を T とする。同一平面上にない T 上の相異なる 4 点 A_1, A_2, A_3, A_4 が, $\vec{a_1}=\overrightarrow{OA_1}$, $\vec{a_2}=\overrightarrow{OA_2}$, $\vec{a_3}=\overrightarrow{OA_3}$, $\vec{a_4}=\overrightarrow{OA_4}$ とおくとき, $\vec{a_1}+\vec{a_2}+\vec{a_3}+\vec{a_4}=\vec{0}$ を満たしているとする。

(1) $\vec{a_1}\cdot\vec{a_2}=\vec{a_3}\cdot\vec{a_4}$, $\vec{a_2}\cdot\vec{a_3}=\vec{a_1}\cdot\vec{a_4}$ を示せ。

(2) 四面体 $A_1A_2A_3A_4$ の 4 つの面はすべて合同な三角形であることを示せ。

(3) △$A_1A_2A_3$ の面積を $t=\vec{a_1}\cdot\vec{a_2}$ と $u=\vec{a_1}\cdot\vec{a_3}$ を用いて表せ。

(4) $\vec{a_1}+\vec{a_2}+\vec{a_3}+\vec{a_4}=\vec{0}$ かつ $t=u$ を満たすように T 上の 4 点 A_1, A_2, A_3, A_4 を動かすとき, 四面体 $A_1A_2A_3A_4$ の表面積が最大のものは正四面体であることを示せ。　　　　　　　　［広島大］

総合演習 4 (P.95) (1) AA (2) B

四面体 OABC において, $\vec{a}=\overrightarrow{OA}$, $\vec{b}=\overrightarrow{OB}$, $\vec{c}=\overrightarrow{OC}$ とする。
$|\vec{a}|=|\vec{b}|=|\vec{c}|=1$, $\vec{a}\cdot\vec{b}=\vec{b}\cdot\vec{c}=\vec{c}\cdot\vec{a}=t$ とするとき,

(1) △ABC は正三角形であることを示せ。

(2) 四面体 OABC の体積 V を t を用いて表せ。

総合演習 5 (P.105) (1) AA (2) A (3) B

四面体 ABCD の内部に点 P をとる。正の実数 α, β, γ, δ に対して
$$\alpha\overrightarrow{AP}+\beta\overrightarrow{BP}+\gamma\overrightarrow{CP}+\delta\overrightarrow{DP}=\vec{0}$$
が成り立つとき, 次の各問いに答えよ。

(1) $\overrightarrow{AB}=\vec{b}$, $\overrightarrow{AC}=\vec{c}$, $\overrightarrow{AD}=\vec{d}$ とするとき, $\overrightarrow{AP}$ を $\vec{b}$, $\vec{c}$, $\vec{d}$ を用いて表せ。

(2) 直線 AP と平面 BCD の交点を E とする。$\overrightarrow{AE}=k\overrightarrow{AP}$ とするとき, 実数 k を求めよ。

(3) 四面体 ABCD の体積を V とするとき, 四面体 PBCD の体積 V_A を V を用いて表せ。

総合演習 6 (P.119) (1) A (2) B (3) A (4) B

四面体 OABC において,点 D を $\vec{OD}=k(\vec{OA}+\vec{OB}+\vec{OC})$ である点とする。また,3点 P, Q, R を $\vec{OP}=p\vec{OA}$, $\vec{OQ}=q\vec{OB}$, $\vec{OR}=r\vec{OC}$ $(0<p<1,\ 0<q<1,\ 0<r<1)$ である点とする。

(1) 点 D が四面体 OABC の内部にあるとき,k の満たすべき条件を求めよ。ただし,四面体の内部とは,四面体からその表面を除いた部分をさす。

(2) 四面体 OABC と四面体 OPQR の体積をそれぞれ V, V' とするとき,$\dfrac{V'}{V}$ を p, q, r を用いて表せ。

(3) 4点 D, P, Q, R が同一平面上にあるとき,k を p, q, r を用いて表せ。

(4) $p=3k=\dfrac{1}{2}$ であって,4点 D, P, Q, R が同一平面上にあるとき,$\dfrac{V'}{V}$ の最小値を求めよ。

[九州大]

参考問題 1 (P.119) AA

△OAB において,点 D を $\vec{OD}=k(\vec{OA}+\vec{OB})$ である点とするとき,点 D が △OAB の内部にあるための k の満たすべき条件を求めよ。ただし,△OAB の内部とは,△OAB で囲まれる部分からその周を除いた部分をさす。

[九州大一文系]

参考問題 2 (P.124) AA

△OAB において 2点 P, Q を $\vec{OP}=p\vec{OA}$, $\vec{OQ}=q\vec{OB}$ $(0<p<1,\ 0<q<1)$ である点とし,△OAB と △OPQ の面積をそれぞれ S, S' とするとき,$\dfrac{S'}{S}$ を p, q を用いて表せ。

[九州大一文系]

総合演習 7 (P.137) (1)(2) **A** (3) **B**

辺の長さが1である正四面体 OABC がある。点 G は，
$$4\vec{OG} = \vec{OA} + \vec{OB} + \vec{OC}$$
を満たし，3点 P, Q, R は，それぞれ辺 OA, OB, OC 上にある。

(1) $0 < p < 1, \ 0 < q < 1, \ 0 < r < 1$ を満たす p, q, r に対して
$\vec{OP} = p\vec{OA}, \ \vec{OQ} = q\vec{OB}, \ \vec{OR} = r\vec{OC}$ とする。
点 G が △PQR を含む平面上にあるならば，
$$4 = \frac{1}{p} + \frac{1}{q} + \frac{1}{r}$$
が成り立つことを示せ。

(2) 点 R から △OAB におろした垂線の足を H とすると，
$$\vec{OH} = \frac{r}{3}(\vec{OA} + \vec{OB})$$
であることを示せ。

(3) 点 G が常に △PQR 上にあるように 3 点 P, Q, R を変化させるとき，三角錐 OPQR の体積の最小値を求めよ。　　　　［広島大］

Section 4 空間における
ベクトルの問題
       ～平面ベクトルの応用～

　この章では空間におけるベクトルの問題について解説します。

空間といっても怖がる心配は全くなく,実は平面での議論とほとんど変わらないので新たに必要になる知識はほとんどありません。

つまり,この章の内容は,Section1～Section3の練習問題程度の内容なのです。

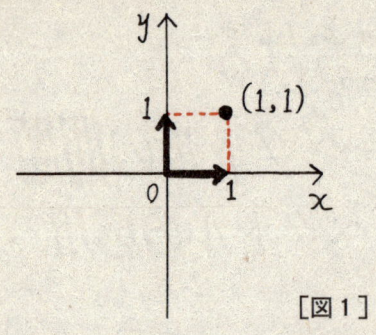

[図1]

まず、
平面（2次元）における点の座標は
[図1] のように
xy 平面で表すことができる
のは知っているよね。

[図2]

同様に、
空間（3次元）における点の座標は
[図2] のように
軸が1つ増えた xyz 空間で
表すことができるんだ。

一般に、[図1] のような

| 平面（2次元）におけるベクトルは、必ず $a\vec{x}+b\vec{y}$ のように [a と b は適当な実数で、$\vec{x}$ と $\vec{y}$ はその平面上の1次独立なベクトル] 2つのベクトルを使って表すことができる |

んだ。

[▶詳しくは次の **Section 5**（***Point 5.1***）で解説します。]

さらに、
上の座標の話からも想像できるように、[図2] のような

| 空間（3次元）におけるベクトルは、必ず $a\vec{x}+b\vec{y}+c\vec{z}$ のように [a と b と c は適当な実数で、$\vec{x}$ と $\vec{y}$ と $\vec{z}$ は1次独立なベクトル] 3つのベクトルを使って表すことができる |

んだ。

つまり,

平面（2次元）では2本のベクトルが必要になり,
空間（3次元）では3本のベクトルが必要になる　のである。
[▶これが平面（2次元）と空間（3次元）の大きな違いなのである！]

例えば,
Section 1 で平面（2次元）に関する次の公式を勉強したよね。

Point 1.13 〈1次独立なベクトルに関する公式Ⅰ〉

$\vec{x}$ と $\vec{y}$ が1次独立なとき,
$a\vec{x} + b\vec{y} = \alpha\vec{x} + \beta\vec{y}$ ならば
$a = \alpha$ と $b = \beta$ がいえる。　◀ $\vec{x}$ と $\vec{y}$ の係数がそれぞれ等しい！

この公式は空間（3次元）では次のようになる。

Point 4.1 〈1次独立なベクトルに関する公式Ⅱ〉

$\vec{x}$ と $\vec{y}$ と $\vec{z}$ が1次独立なとき,
$a\vec{x} + b\vec{y} + c\vec{z} = \alpha\vec{x} + \beta\vec{y} + \gamma\vec{z}$ ならば
$a = \alpha$ と $b = \beta$ と $c = \gamma$ がいえる。　◀ $\vec{x}$ と $\vec{y}$ と $\vec{z}$ の係数がそれぞれ等しい！

以上のことを踏まえて次の**例題18**をやってみよう。

---**例題18**---

四面体 ABCD において, 辺 AB, AD の中点をそれぞれ E, F, 辺 CD を 2 : 1 に内分する点を G, 辺 BC 上の点を J とすると EG と FJ は点 H で交わるという。
このとき, $\overrightarrow{AH}$ を $\overrightarrow{AB}$, $\overrightarrow{AC}$, $\overrightarrow{AD}$ で表せ。　　　［東京理科大］

[考え方]

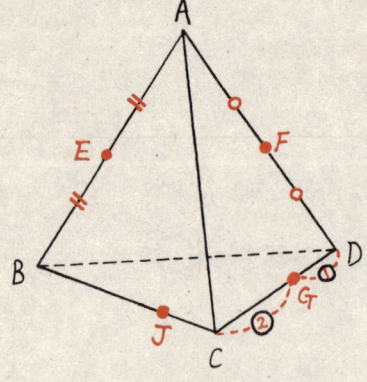

まず，
「辺 AB，AD の中点をそれぞれ E，F，
辺 CD を 2：1 に内分する点を G，
辺 BC 上の点を J」を図示すると
左図のようになるよね。

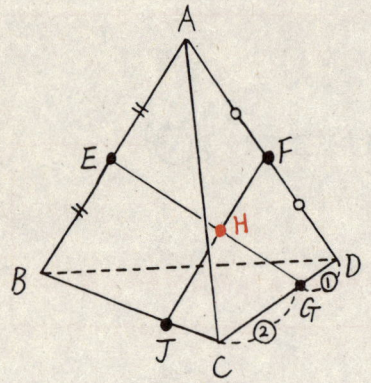

さらに，
「EG と FJ は点 H で交わる」
を図示すると
左図が得られる。

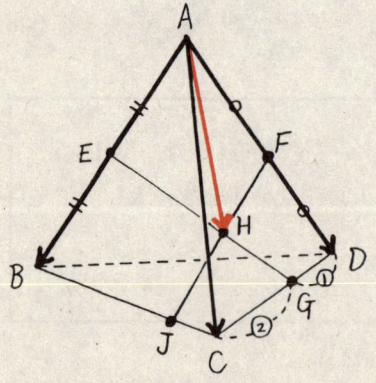

Point 4.1 を考え，

| $\overrightarrow{AH}$ を求めるためには $\overrightarrow{AH}$ を 2 通りの形で表せばいい |

よね。 ◀ P.6 の《注》を見よ！

そこで，
$\overrightarrow{AH}$ を $\overrightarrow{AB}$，$\overrightarrow{AC}$，$\overrightarrow{AD}$ を使って
2 通りで表してみよう。

空間におけるベクトルの問題 5

$\overrightarrow{AH}$ の1通りの表し方について

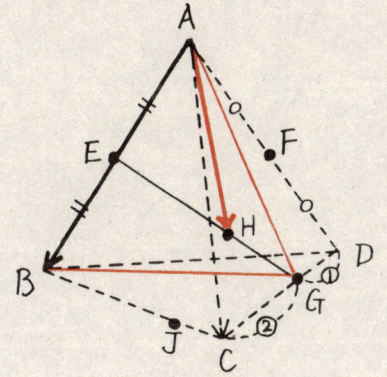

まず，
"立体" だと考えにくいので
$\overrightarrow{AH}$ が含まれている平面 ABG
による断面を考えよう。

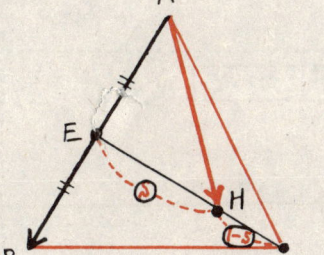

とりあえず，
EH：HG が分からないので
Point 1.15（線分の比の置き方）
に従って，左図のように
EH：HG＝s：$1-s$ とおこう。

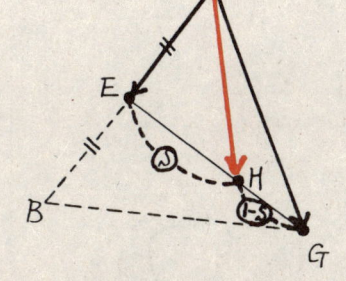

すると，
Point 1.5（内分の公式）より
$\overrightarrow{AH}=(1-s)\overrightarrow{AE}+s\overrightarrow{AG}$ ……①
のように
$\overrightarrow{AH}$ を求めることができた。

あとは，**Point 4.1** を使うために
$\overrightarrow{AE}$ と $\overrightarrow{AG}$ を $\overrightarrow{AB}$, $\overrightarrow{AC}$, $\overrightarrow{AD}$ を使って表せばいいよね。 ◀ P.6の（注）を見よ

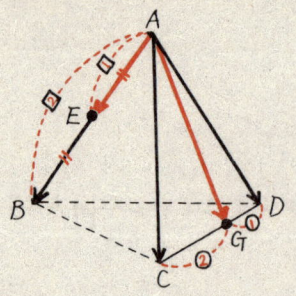

左図より

$$\begin{cases} \overrightarrow{AE} = \dfrac{1}{2}\overrightarrow{AB} \\ \overrightarrow{AG} = \dfrac{1}{3}(\overrightarrow{AC} + 2\overrightarrow{AD}) \end{cases}$$ ◀ Point 1.5

がいえるので,

$$\overrightarrow{AH} = (1-s)\overrightarrow{AE} + s\overrightarrow{AG} \quad \cdots\cdots ①$$

$$= (1-s)\cdot\dfrac{1}{2}\overrightarrow{AB} + s\cdot\dfrac{1}{3}(\overrightarrow{AC} + 2\overrightarrow{AD})$$

$$= \dfrac{1}{2}(1-s)\overrightarrow{AB} + \dfrac{1}{3}s\overrightarrow{AC} + \dfrac{2}{3}s\overrightarrow{AD} \quad \cdots\cdots ①'$$ ◀ 展開した

が得られる。 ◀ $\overrightarrow{AH}$ を $\overrightarrow{AB}, \overrightarrow{AC}, \overrightarrow{AD}$ を使って表すことができた!

(注) これからやろうとしている解法の方針について

まず,
$\overrightarrow{AH}$ を次のように $\overrightarrow{AB}, \overrightarrow{AC}, \overrightarrow{AD}$ を使って2通りで表す。

$$\begin{cases} \overrightarrow{AH} = a\overrightarrow{AB} + b\overrightarrow{AC} + c\overrightarrow{AD} \quad \cdots\cdots ① \\ \overrightarrow{AH} = \alpha\overrightarrow{AB} + \beta\overrightarrow{AC} + \gamma\overrightarrow{AD} \quad \cdots\cdots ② \end{cases}$$

そして,
①と②から, $\overrightarrow{AH} = \overrightarrow{AH}$ を考え

$$a\overrightarrow{AB} + b\overrightarrow{AC} + c\overrightarrow{AD} = \alpha\overrightarrow{AB} + \beta\overrightarrow{AC} + \gamma\overrightarrow{AD} \quad \cdots\cdots (*)$$

のような **Point 4.1** が使える形の式を導く。

さらに,
Point 4.1 を使って, (*) から
$\begin{cases} a = \alpha \quad ◀ (\overrightarrow{AB} \text{の係数}) = (\overrightarrow{AB} \text{の係数}) \\ b = \beta \quad ◀ (\overrightarrow{AC} \text{の係数}) = (\overrightarrow{AC} \text{の係数}) \\ c = \gamma \quad ◀ (\overrightarrow{AD} \text{の係数}) = (\overrightarrow{AD} \text{の係数}) \end{cases}$

のような3本の関係式を導き出す。

空間におけるベクトルの問題 7

$\boxed{\overrightarrow{AH}\text{のもう1通りの表し方について}}$

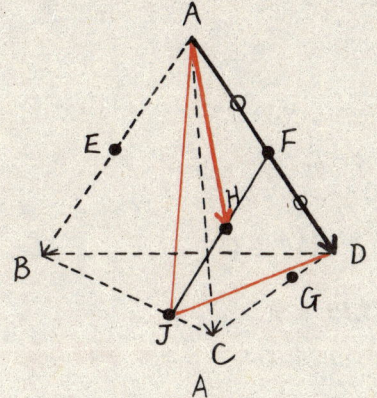

次に，
$\boxed{\overrightarrow{AH}\text{が含まれている}\\ \text{もう1つの平面 AJD}\\ \text{による断面を考えよう。}}$

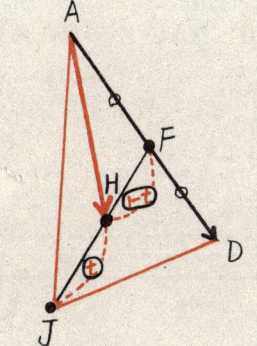

まず，
JH : HF が分からないので
Point 1.15（線分の比の置き方）
に従って，左図のように
$\boxed{\text{JH : HF} = t : 1-t \text{ とおこう。}}$

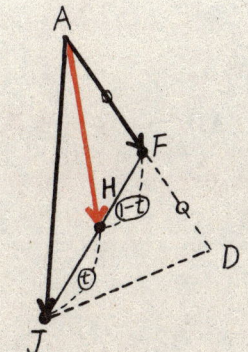

すると，
Point 1.5（内分の公式）より
$\overrightarrow{AH} = (1-t)\overrightarrow{AJ} + t\overrightarrow{AF}$ ……②
のように
$\overrightarrow{AH}$ を求めることができた。

あとは，**Point 4.1** を使うために
$\overrightarrow{AJ}$ と $\overrightarrow{AF}$ を $\overrightarrow{AB}$, $\overrightarrow{AC}$, $\overrightarrow{AD}$ を使って表せばいいよね。

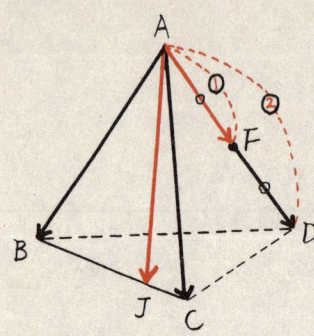

まず，$\overrightarrow{AF}$ は

$\overrightarrow{AF} = \dfrac{1}{2}\overrightarrow{AD}$ のように

すぐに求めることができるよね。

だけど，$\overrightarrow{AJ}$ については

"J が辺 BC 上の点" ということしか

分かっていないので，

すぐに求めることはできないよね。

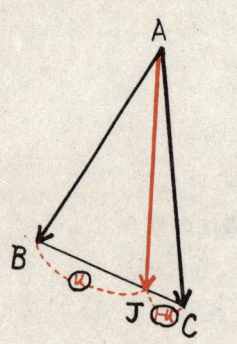

そこで，**Point 1.15** に従って

$BJ : JC = u : 1-u$ とおく と， ◀左図を見よ

$\overrightarrow{AJ} = (1-u)\overrightarrow{AB} + u\overrightarrow{AC}$ が得られる。 ◀ Point 1.5

▶ **Point 4.1** を使うと関係式が3本得られるので，僕らは未知数を s, t, u のように3つ設定することができる！

よって，

$\overrightarrow{AH} = (1-t)\overrightarrow{AJ} + t\overrightarrow{AF}$ ……②

$= (1-t)\{(1-u)\overrightarrow{AB} + u\overrightarrow{AC}\} + t \cdot \dfrac{1}{2}\overrightarrow{AD}$

$= (1-t)(1-u)\overrightarrow{AB} + (1-t)u\overrightarrow{AC} + \dfrac{1}{2}t\overrightarrow{AD}$ ……②′ ◀展開した

が得られる。 ◀$\overrightarrow{AH}$ を $\overrightarrow{AB}$, $\overrightarrow{AC}$, $\overrightarrow{AD}$ を使って表すことができた！

以上より，

$\begin{cases} \overrightarrow{AH} = \dfrac{1}{2}(1-s)\overrightarrow{AB} + \dfrac{1}{3}s\overrightarrow{AC} + \dfrac{2}{3}s\overrightarrow{AD} \ \cdots\cdots ①′ \\ \overrightarrow{AH} = (1-t)(1-u)\overrightarrow{AB} + (1-t)u\overrightarrow{AC} + \dfrac{1}{2}t\overrightarrow{AD} \ \cdots\cdots ②′ \end{cases}$

が得られた。 ◀$\overrightarrow{AH}$ を2通りの形で表すことができた！

①′と②′から，$\vec{AH}=\vec{AH}$ を考え

$\frac{1}{2}(1-s)\vec{AB}+\frac{1}{3}s\vec{AC}+\frac{2}{3}s\vec{AD}=(1-t)(1-u)\vec{AB}+(1-t)u\vec{AC}+\frac{1}{2}t\vec{AD}$

が得られるよね。

さらに，**Point 4.1** を考え

$$\begin{cases} \frac{1}{2}(1-s)=(1-t)(1-u) & \cdots\cdots ⓐ \quad \blacktriangleleft (\vec{AB}\text{の係数})=(\vec{AB}\text{の係数}) \\ \frac{1}{3}s=(1-t)u & \cdots\cdots ⓑ \quad \blacktriangleleft (\vec{AC}\text{の係数})=(\vec{AC}\text{の係数}) \\ \frac{2}{3}s=\frac{1}{2}t & \cdots\cdots ⓒ \quad \blacktriangleleft (\vec{AD}\text{の係数})=(\vec{AD}\text{の係数}) \end{cases}$$

がいえるよね。

あとはⓐ，ⓑ，ⓒから s, t, u を求めればいいよね。

とりあえず，頑張ればⓐ，ⓑ，ⓒから
s, t, u をすべて求めることができそうだね。
だけど，

この問題は $\vec{AH}$ だけを求めればいい問題なので
$\vec{AH}=\frac{1}{2}(1-s)\vec{AB}+\frac{1}{3}s\vec{AC}+\frac{2}{3}s\vec{AD}$ ……①′ を考え，
s だけを求めればいい よね。 ◀ sが分かれば$\vec{AH}$が求められる！

そこで，
ⓐ，ⓑ，ⓒから s だけを求めよう。

$$\begin{cases} \frac{1}{2}-\frac{1}{2}s=1-t-u+tu & \cdots\cdots ⓐ' \quad \blacktriangleleft ⓐ\text{の両辺を展開した} \\ \frac{1}{3}s=u-tu & \cdots\cdots ⓑ' \quad \blacktriangleleft ⓑ\text{の右辺を展開した} \\ \frac{2}{3}s=\frac{1}{2}t & \cdots\cdots ⓒ \end{cases}$$

ⓐ′，ⓑ′，ⓒから s を求めるためには
ⓐ′，ⓑ′，ⓒから t と u を消去して s だけの式を導けばいい よね。

そこで，まず，
u を消去するために $\boxed{ⓐ'+ⓑ'}$ を考えると，
$\dfrac{1}{2}-\dfrac{1}{2}s+\dfrac{1}{3}s=1-t$ ……ⓓ のように
u を消去することができた。

◀ $\begin{cases} \dfrac{1}{2}-\dfrac{1}{2}s=1-t-u+tu \text{……ⓐ'} \\ \dfrac{1}{3}s=u-tu \text{……ⓑ'} \end{cases}$

さらに，
t を消去するために $\boxed{2\timesⓒ+ⓓ}$ を考えると，

$\dfrac{4}{3}s+\dfrac{1}{2}-\dfrac{1}{2}s+\dfrac{1}{3}s=1$ ◀ tを消去することができた

◀ $\begin{cases} \dfrac{4}{3}s=t \text{……}2\timesⓒ \\ \dfrac{1}{2}-\dfrac{1}{2}s+\dfrac{1}{3}s=1-t\text{……ⓓ} \end{cases}$

$\Leftrightarrow \dfrac{7}{6}s=\dfrac{1}{2}$ ◀ $\dfrac{4}{3}s-\dfrac{1}{2}s+\dfrac{1}{3}s=\dfrac{5}{3}s-\dfrac{1}{2}s=\dfrac{10}{6}s-\dfrac{3}{6}s=\dfrac{7}{6}s$

$\Leftrightarrow s=\dfrac{3}{7}$ のように s を求めることができた！

やったぁ♪

以上より，
$\overrightarrow{AH}=\dfrac{1}{2}(1-s)\overrightarrow{AB}+\dfrac{1}{3}s\overrightarrow{AC}+\dfrac{2}{3}s\overrightarrow{AD}$ ……①' を考え

$\overrightarrow{AH}=\dfrac{2}{7}\overrightarrow{AB}+\dfrac{1}{7}\overrightarrow{AC}+\dfrac{2}{7}\overrightarrow{AD}$ が得られた。 ◀ ①'に $s=\dfrac{3}{7}$ を代入した

[解答]

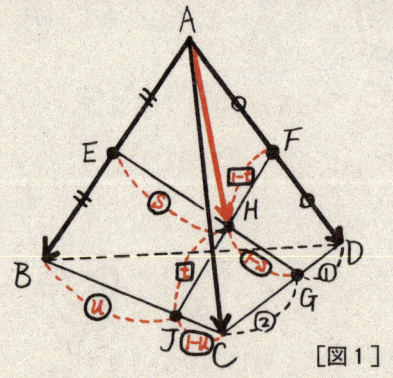

[図1]

$\boxed{\begin{array}{l}EH:HG=s:1-s\\JH:HF=t:1-t\end{array}}$ とおく と， ◀ Point 1.15

$\begin{cases}\overrightarrow{AH}=(1-s)\overrightarrow{AE}+s\overrightarrow{AG}\text{ ……①}\\\overrightarrow{AH}=(1-t)\overrightarrow{AJ}+t\overrightarrow{AF}\text{ ……②}\end{cases}$

がいえる。 ◀ Point 1.5

さらに，BJ：JC＝u：$1-u$ とおく と，◀ Point 1.15

[図1] を考え

$$\begin{cases} \vec{AE} = \dfrac{1}{2}\vec{AB} \\ \vec{AG} = \dfrac{1}{3}(\vec{AC} + 2\vec{AD}) \\ \vec{AJ} = (1-u)\vec{AB} + u\vec{AC} \\ \vec{AF} = \dfrac{1}{2}\vec{AD} \end{cases}$$ がいえるので， ◀ [考え方] 参照

これらを①と②に代入すると

$$\begin{cases} \vec{AH} = \dfrac{1}{2}(1-s)\vec{AB} + \dfrac{1}{3}s\vec{AC} + \dfrac{2}{3}s\vec{AD} \quad \cdots\cdots \text{①}' \\ \vec{AH} = (1-t)(1-u)\vec{AB} + (1-t)u\vec{AC} + \dfrac{1}{2}t\vec{AD} \quad \cdots\cdots \text{②}' \end{cases}$$ が得られる。

①'と②'から，$\vec{AH} = \vec{AH}$ を考え

$$\dfrac{1}{2}(1-s)\vec{AB} + \dfrac{1}{3}s\vec{AC} + \dfrac{2}{3}s\vec{AD} = (1-t)(1-u)\vec{AB} + (1-t)u\vec{AC} + \dfrac{1}{2}t\vec{AD} \quad \cdots\cdots (*)$$

が得られる。

さらに，

$\vec{AB}$，$\vec{AC}$，$\vec{AD}$ は1次独立であることを考え，(*) から

$$\begin{cases} \dfrac{1}{2} - \dfrac{1}{2}s = 1 - t - u + tu \quad \cdots\cdots ⓐ \quad ◀ (\vec{AB}\text{の係数})=(\vec{AB}\text{の係数}) \\ \dfrac{1}{3}s = u - tu \quad \cdots\cdots ⓑ \quad ◀ (\vec{AC}\text{の係数})=(\vec{AC}\text{の係数}) \\ \dfrac{2}{3}s = \dfrac{1}{2}t \quad \cdots\cdots ⓒ \quad ◀ (\vec{AD}\text{の係数})=(\vec{AD}\text{の係数}) \end{cases}$$

がいえる。 ◀ Point 4.1

ここで，

 ⓐ+ⓑ+2×ⓒ   より   ◀ t と u を消去して s だけの式にする！（[考え方]参照）

$\dfrac{1}{2} - \dfrac{1}{2}s + \dfrac{1}{3}s + \dfrac{4}{3}s = 1$ ◀ (右辺)$= (1-t-u+tu)+(u-tu)+t = 1$

$\Leftrightarrow \dfrac{7}{6}s = \dfrac{1}{2}$ ◀ $-\dfrac{1}{2}s + \dfrac{1}{3}s + \dfrac{4}{3}s = -\dfrac{1}{2}s + \dfrac{5}{3}s = -\dfrac{3}{6}s + \dfrac{10}{6}s = \dfrac{7}{6}s$

$\Leftrightarrow s = \dfrac{3}{7}$ が得られるので，   ◀ s について解いた

$\overrightarrow{AH} = \dfrac{1}{2}(1-s)\overrightarrow{AB} + \dfrac{1}{3}s\overrightarrow{AC} + \dfrac{2}{3}s\overrightarrow{AD}$ ……①′ より

$\overrightarrow{AH} = \dfrac{2}{7}\overrightarrow{AB} + \dfrac{1}{7}\overrightarrow{AC} + \dfrac{2}{7}\overrightarrow{AD}$ ◀ ①′ に $s = \dfrac{3}{7}$ を代入した

以上の考え方を踏まえて次の **練習問題 16** をやってごらん。

練習問題 16

四面体 OABC において，辺 AB の中点を E，辺 OC を 2：1 に内分する点を F，辺 OA を 1：2 に内分する点を P，$\overrightarrow{BQ} = t\overrightarrow{BC}$ を満たす辺 BC 上の点を Q とする。PQ と EF が点 R で交わるとき，実数 t の値を求めよ。

[岡山大]

Section 5 平面のベクトル表示

　この章では
"平面上の点が ベクトルを使って どのように表す
ことができるのか"について 解説します。
この章でも 新たに必要になる知識は ほとんど
ありません。
つまり、この章の内容も
Section1〜Section4の練習問題程度の
内容なのです。

(注)
　本文中で「パラメーター」という用語が出てくるが、
「パラメーター」とは、任意の実数値をとる変数のことで、
要は、勝手に動く変数のことである。

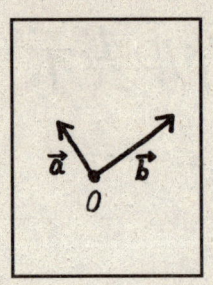

まず，左図のような
原点Oを含む平面上のすべての点は，
その平面上の1次独立な2つのベクトル
$\vec{a}$，$\vec{b}$ を使って
$x\vec{a}+y\vec{b}$ [xとyはパラメーター] ……(*)
と表すことができる のは分かるかい？

えっ，なんとなくでしか分からないって？
それでは，ここで(*)についてキチンと説明しておこう。

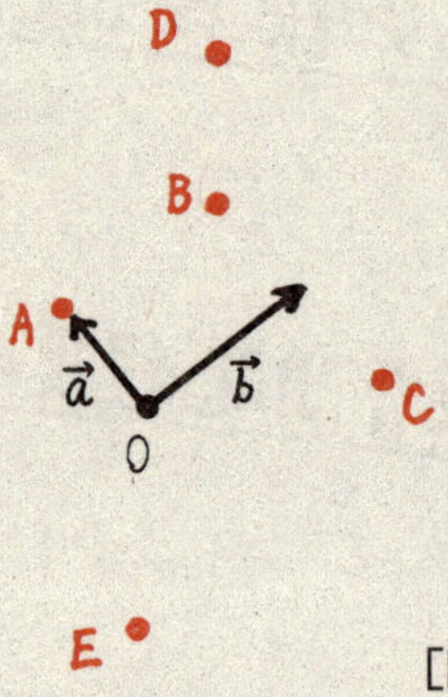

例えば，[図1] のような
5点 A，B，C，D，E について
考えてみよう。

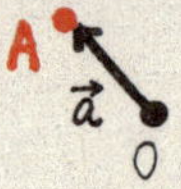

[図1]

まず，点Aは
$\vec{a}$　[$x=1$，$y=0$ の場合]
と表せるよね。

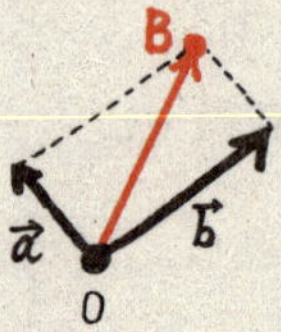

[図2]

点Bは[図3]を考え
$\vec{a}+\vec{b}$　[$x=1$，$y=1$ の場合]
と表せる。

[図3]

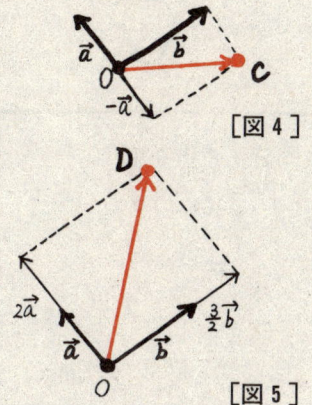
[図4]

点Cは[図4]を考え
$-\vec{a}+\vec{b}$ [$x=-1$, $y=1$ の場合]
と表せる。

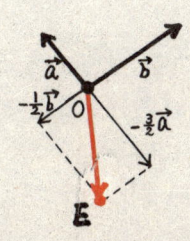
[図5]

点Dは[図5]を考え
$2\vec{a}+\dfrac{3}{2}\vec{b}$ [$x=2$, $y=\dfrac{3}{2}$ の場合]
と表せる。

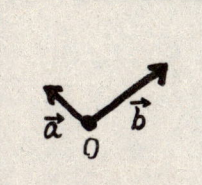
[図6]

点Eは[図6]を考え
$-\dfrac{3}{2}\vec{a}-\dfrac{1}{2}\vec{b}$ [$x=-\dfrac{3}{2}$, $y=-\dfrac{1}{2}$ の場合]
と表せる。

このように,平面上の点は,どんなところにあろうとも $\vec{a}$と$\vec{b}$をそれぞれ適当に何倍かして加えれば必ず表すことができるよね。

つまり,
平面上のすべての点は,適当なxとyを使って,必ず $x\vec{a}+y\vec{b}$ の形で表すことができるんだ。

Point 5.1 〈平面のベクトル表示 I〉

原点Oを含む平面上のすべての点はその平面上の1次独立な2つのベクトル $\vec{a}$, $\vec{b}$ を使って
$x\vec{a}+y\vec{b}$ [xとyはパラメーター]
と表すことができる。

この **Point 5.1** を踏まえて次の問題をやってみよう。

── 例題 19 ──────────────────────────────
　　四面体 OABC において, 辺 AB を $1:2$ に内分する点を D,
線分 CD を $3:5$ に内分する点を E, 線分 OE を $1:3$ に内分する点を F,
直線 AF が平面 OBC と交わる点を G とする。
$\overrightarrow{OA}=\vec{a}$, $\overrightarrow{OB}=\vec{b}$, $\overrightarrow{OC}=\vec{c}$ とする。
(1)　$\overrightarrow{OE}$ を $\vec{a}$, $\vec{b}$, $\vec{c}$ を用いて表せ。
(2)　$AF:FG$ を求めよ。　　　　　　　　　　　　　　　　　［大阪市大］

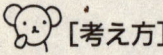[考え方]

(1)

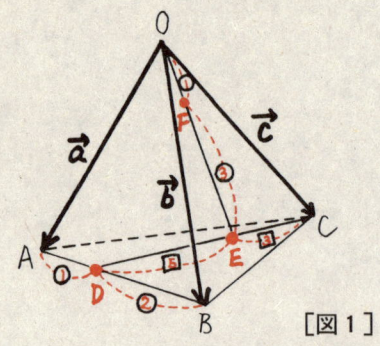

[図1]

「辺 AB を $1:2$ に内分する点を D,
線分 CD を $3:5$ に内分する点を E,
線分 OE を $1:3$ に内分する点を F」
を図示すると ［図1］のようになる。

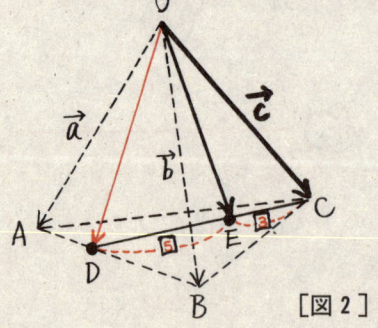

[図2]

$\overrightarrow{OE}$ を求めるのは簡単だよね。

まず, ［図2］を考え
$\overrightarrow{OE}=\dfrac{1}{8}(3\overrightarrow{OD}+5\overrightarrow{OC})$　◀ Point 1.5

　　　$=\dfrac{3}{8}\overrightarrow{OD}+\dfrac{5}{8}\vec{c}$ ……①

がいえる。

平面のベクトル表示　17

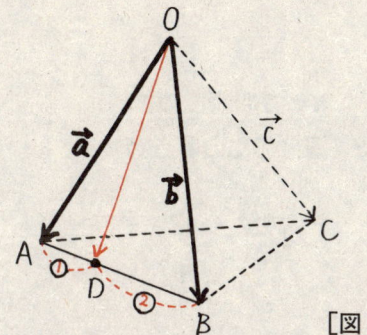

[図3]

さらに，[図3]を考え
$$\vec{OD} = \frac{1}{3}(2\vec{OA}+\vec{OB})$$ ◀ Point 1.5
$$= \frac{2}{3}\vec{a} + \frac{1}{3}\vec{b} \quad \cdots\cdots ②$$
がいえるので，

②を①に代入する と， ◀ $\vec{OE}$を$\vec{a}$と$\vec{b}$と$\vec{c}$だけで表す！

$$\vec{OE} = \frac{3}{8}\vec{OD} + \frac{5}{8}\vec{c} \quad \cdots\cdots ①$$
$$= \frac{3}{8}\left(\frac{2}{3}\vec{a} + \frac{1}{3}\vec{b}\right) + \frac{5}{8}\vec{c} \quad ◀ ②を代入して\vec{OD}を消去した$$
$$= \frac{1}{4}\vec{a} + \frac{1}{8}\vec{b} + \frac{5}{8}\vec{c} \quad が得られた。$$

[解答]
(1) $\vec{OE} = \frac{1}{8}(3\vec{OD} + 5\vec{OC})$ ◀ Point 1.5
$$= \frac{3}{8} \cdot \frac{1}{3}(2\vec{a}+\vec{b}) + \frac{5}{8}\vec{c} \quad ◀ \vec{OD} = \frac{1}{3}(2\vec{a}+\vec{b})$$
$$= \frac{1}{4}\vec{a} + \frac{1}{8}\vec{b} + \frac{5}{8}\vec{c} //$$

[考え方]
(2)

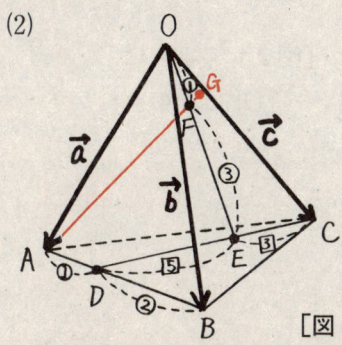

[図4]

[図1]に
「直線AFが平面OBCと交わる点をG」
を追加すると
[図4] が得られる。

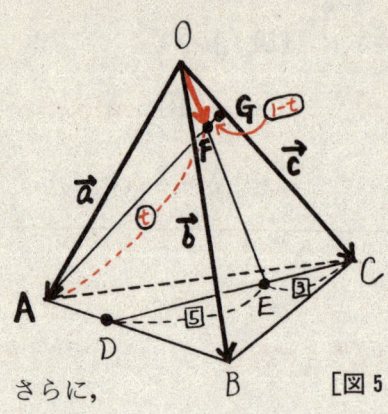

[図5]

まず，
AF : FG を求める問題なので，
Point 1.15（線分の比の置き方）
を考え

AF : FG $= t : 1-t$ とおこう。

さらに，
t を求めるために，**Point 4.1** を考え

$\overrightarrow{OF}$ を $\vec{a}$，$\vec{b}$，$\vec{c}$ を使って2通りで表して t の関係式を導こう。

$\overrightarrow{OF}$ の1通りの表し方について

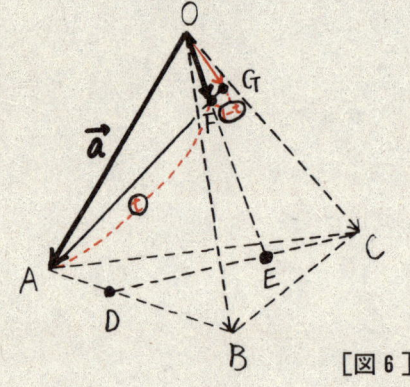

[図6]

まず，[図6] を考え
$\overrightarrow{OF} = (1-t)\overrightarrow{OA} + t\overrightarrow{OG}$ ◀ **Point 1.5**
$\phantom{\overrightarrow{OF}} = (1-t)\vec{a} + t\overrightarrow{OG}$ ……③
がいえる。

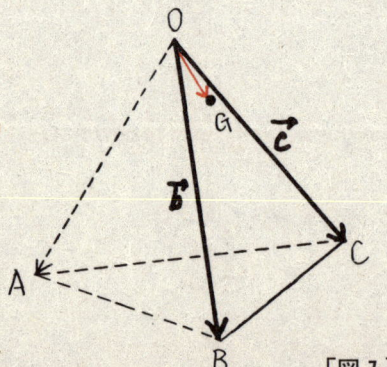

[図7]

さらに，[図7] のように
点 G は平面 OBC 上の点だから
$\overrightarrow{OG} = x\vec{b} + y\vec{c}$ ……④
とおける よね。 ◀ **Point 5.1**

よって，
④を③に代入する と，◀ Point 4.1 を使うために $\overrightarrow{OF}$ を $\vec{a},\vec{b},\vec{c}$ だけで表す！

$\overrightarrow{OF} = (1-t)\vec{a} + t\overrightarrow{OG}$ ……③
$= (1-t)\vec{a} + t(x\vec{b} + y\vec{c})$ ◀ ④を代入して $\overrightarrow{OG}$ を消去した
$= (1-t)\vec{a} + tx\vec{b} + ty\vec{c}$ ……Ⓐ ◀ 展開した

が得られる。

$\boxed{\overrightarrow{OF}\text{ のもう 1 通りの表し方について}}$

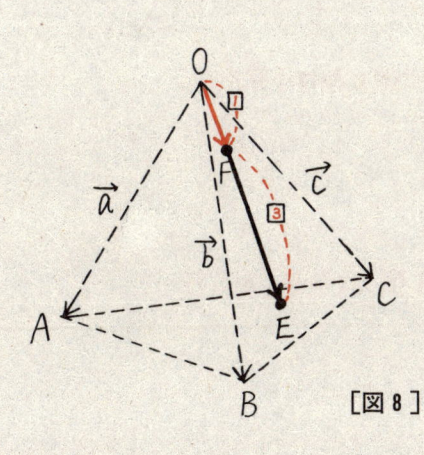

まず，
「線分 OE を 1：3 に内分する点が F」
なので
$\overrightarrow{OF} = \dfrac{1}{4}\overrightarrow{OE}$ がいえるよね。

さらに，(1)より ◀ 前の問題の結果を使う！
$\left(\overrightarrow{OE} = \dfrac{1}{4}\vec{a} + \dfrac{1}{8}\vec{b} + \dfrac{5}{8}\vec{c}\right)$

$\overrightarrow{OF} = \dfrac{1}{4}\overrightarrow{OE}$
$= \dfrac{1}{4}\left(\dfrac{1}{4}\vec{a} + \dfrac{1}{8}\vec{b} + \dfrac{5}{8}\vec{c}\right)$
$= \dfrac{1}{16}\vec{a} + \dfrac{1}{32}\vec{b} + \dfrac{5}{32}\vec{c}$ ……Ⓑ

［図8］

が得られる。

以上より，
$\begin{cases} \overrightarrow{OF} = (1-t)\vec{a} + tx\vec{b} + ty\vec{c} \ \cdots\cdots Ⓐ \\ \overrightarrow{OF} = \dfrac{1}{16}\vec{a} + \dfrac{1}{32}\vec{b} + \dfrac{5}{32}\vec{c} \ \cdots\cdots Ⓑ \end{cases}$

が得られた。◀ $\overrightarrow{OF}$ を $\vec{a},\vec{b},\vec{c}$ を使って 2 通りの形で表すことができた！

ⒶとⒷから，$\overrightarrow{OF} = \overrightarrow{OF}$ を考え
$(1-t)\vec{a} + tx\vec{b} + ty\vec{c} = \dfrac{1}{16}\vec{a} + \dfrac{1}{32}\vec{b} + \dfrac{5}{32}\vec{c}$ ……(*)

が得られるよね。

よって，**Point 4.1** を考え，(＊) から

$$\begin{cases} 1-t = \dfrac{1}{16} \cdots\cdots ⓐ \\ tx = \dfrac{1}{32} \cdots\cdots ⓑ \\ ty = \dfrac{5}{32} \cdots\cdots ⓒ \end{cases}$$

◀($\vec{a}$の係数)＝($\vec{a}$の係数)
◀($\vec{b}$の係数)＝($\vec{b}$の係数)
◀($\vec{c}$の係数)＝($\vec{c}$の係数)

がいえる。

ところで，この問題は $AF:FG(=t:1-t)$ だけを求める問題なので t だけを求めればいいよね。 ◀xとyは求める必要がない！

よって，

$1-t = \dfrac{1}{16}$ ……ⓐ から ◀この問題ではⓑとⓒは不要！

$t = \dfrac{15}{16}$ が得られるので， ◀tを求めた

$AF:FG = \dfrac{15}{16} : \dfrac{1}{16}$ ◀t：1－t

　　　　$= \underline{15:1}$ が分かった！ ◀16を掛けて分母を払った

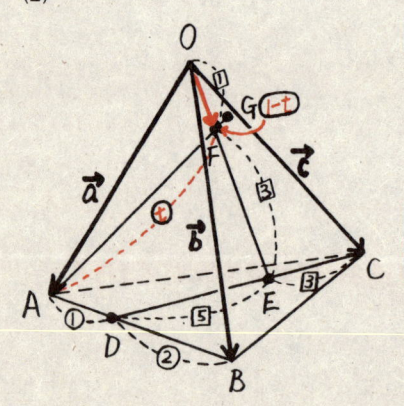

[解答]
(2)

$AF:FG=t:1-t$ とおく と，◀Point 1.15

$\overrightarrow{OF} = (1-t)\overrightarrow{OA} + t\overrightarrow{OG}$ ◀Point 1.5
　　　$= (1-t)\vec{a} + t\overrightarrow{OG}$ ……① がいえ，

さらに，

点 G は平面 OBC 上の点だから
$\overrightarrow{OG} = x\vec{b} + y\vec{c}$ とおける ので，◀Point 5.1

$\overrightarrow{OF} = (1-t)\vec{a} + t\overrightarrow{OG}$ ……①
　　　$= (1-t)\vec{a} + tx\vec{b} + ty\vec{c}$ ……①′

が得られる。◀$\overrightarrow{OF}$を$\vec{a},\vec{b},\vec{c}$を使って1通りの形で表せた

また、
点FはOEを1:3に内分する点なので
$\overrightarrow{OF} = \frac{1}{4}\overrightarrow{OE}$ ……② がいえ、

さらに、(1)より ◀前の問題の結果を使う！ $\left(\overrightarrow{OE} = \frac{1}{4}\vec{a} + \frac{1}{8}\vec{b} + \frac{5}{8}\vec{c}\right)$

$\overrightarrow{OF} = \frac{1}{4}\overrightarrow{OE}$ ……②

$= \frac{1}{16}\vec{a} + \frac{1}{32}\vec{b} + \frac{5}{32}\vec{c}$ ……②′ ◀ $\frac{1}{4}\left(\frac{1}{4}\vec{a} + \frac{1}{8}\vec{b} + \frac{5}{8}\vec{c}\right)$

が得られる。 ◀ $\overrightarrow{OF}$ を $\vec{a}, \vec{b}, \vec{c}$ を使って もう1通りの形で表せた！

①′と②′から、$\overrightarrow{OF} = \overrightarrow{OF}$ を考え
$(1-t)\vec{a} + tx\vec{b} + ty\vec{c} = \frac{1}{16}\vec{a} + \frac{1}{32}\vec{b} + \frac{5}{32}\vec{c}$ ……(*)

が得られる。

さらに、

$\vec{a}, \vec{b}, \vec{c}$ は1次独立であることを考え、(*)から
$1 - t = \frac{1}{16}$ ◀($\vec{a}$ の係数)=($\vec{a}$ の係数)

がいえる ので ◀Point 4.1

$t = \frac{15}{16}$ が得られる。

よって、
$AF : FG = \frac{15}{16} : \frac{1}{16}$ ◀ $t : 1-t$

$= 15 : 1$ ◀16を掛けて分母を払った

以上の考え方を踏まえて次の **練習問題 17** をやってごらん。

(1)と(2)はすぐに解けるよね？
(3)も知識的には全く問題がないはずなので頑張って考えてごらん。

練習問題 17

正四面体 OABC において $\vec{OA}=\vec{a}$, $\vec{OB}=\vec{b}$, $\vec{OC}=\vec{c}$ とする。辺 OA を 4：3 に内分する点を P，辺 BC を 5：3 に内分する点を Q とする。

(1) $\vec{PQ}=\boxed{}\vec{a}+\boxed{}\vec{b}+\boxed{}\vec{c}$ である。

(2) 線分 PQ の中点を R とし，直線 AR が △OBC の定める平面と交わる点を S とする。そのとき，

　AR：RS＝$\boxed{}$：$\boxed{}$ である。

(3) $\cos\angle AOQ=\boxed{}$ である。

［センター試験］

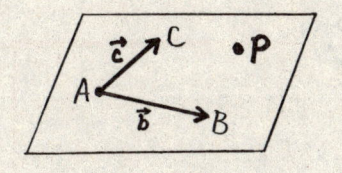

さて，
ここで左図のような
原点Oを含まない平面上の点
について考えてみよう。

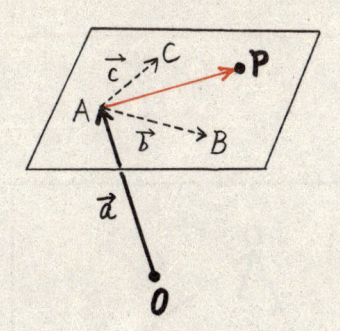

まず，左図のような
点Aを含む平面上の点Pは，
ベクトルの合成を考え
$\overrightarrow{OP} = \overrightarrow{OA} + \overrightarrow{AP}$ ◀左図を見よ
$= \vec{a} + \overrightarrow{AP}$ と書けるよね。

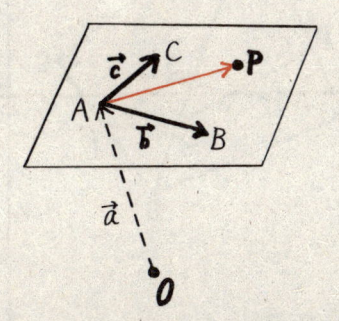

さらに，

$\overrightarrow{AP}$ は平面ABC上のベクトルなので
平面上の1次独立な2つのベクトル
$\vec{b}, \vec{c}$ を使って
$\overrightarrow{AP} = x\vec{b} + y\vec{c}$ と表せる よね。◀Point5.1

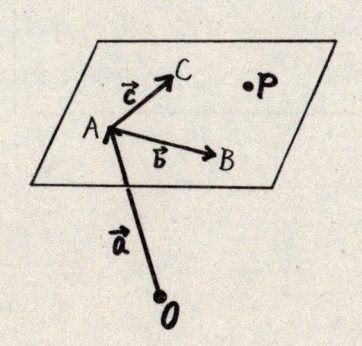

よって，左図のような
原点Oを含まない平面上の点Pは
$\overrightarrow{OP} = \vec{a} + \overrightarrow{AP}$
$= \vec{a} + x\vec{b} + y\vec{c}$ のように
表せることが分かった！

Point 5.2 〈平面のベクトル表示Ⅱ〉

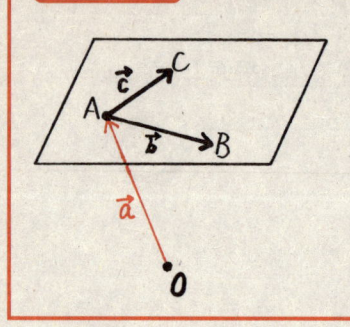

左図のように，点Aを含み，原点Oを含まない平面上のすべての点は，その平面上の1次独立な2つのベクトル $\vec{b}$, $\vec{c}$ を使って
$\vec{a}+x\vec{b}+y\vec{c}$ ［x と y はパラメーター］
と表すことができる。

この **Point 5.2** を踏まえて次の問題をやってみよう。

例題 20

右図のような三角錐OABCにおいて，Pは線分OAを2：1に内分する点，Qは線分OBを3：1に内分する点，Rは線分BCの中点とする。

また，この三角錐を3点P，Q，Rを通る平面で切ったとき，この平面が線分ACと交わる点をSとする。
このとき次の問いに答えよ。

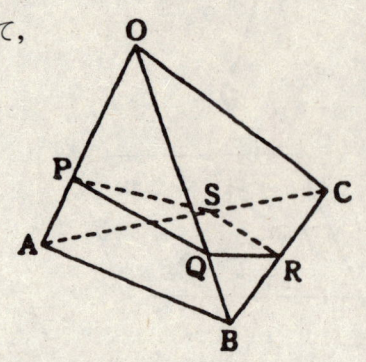

(1) $\vec{a}=\overrightarrow{OA}$, $\vec{b}=\overrightarrow{OB}$, $\vec{c}=\overrightarrow{OC}$ とする。
3点P，Q，Rを通る平面上の任意の点Xに対して，$\overrightarrow{OX}$ を $\vec{a}$, $\vec{b}$, $\vec{c}$ で表せ。

(2) AS：SCを求めよ。

［小樽商大］

▶「三角錐」とは三角形を底面とする錐体のことで要は四面体のことである！

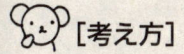

平面のベクトル表示　25

[考え方]
(1)

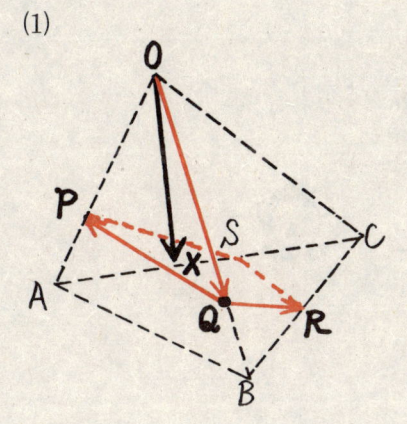

点 X は"点 Q を通る ◀(注)を見よ 平面 PQR 上の点"なので，$\overrightarrow{OX}$ は平面 PQR 上の 1 次独立な 2 つのベクトル $\overrightarrow{QP}$, $\overrightarrow{QR}$ を使って
$\overrightarrow{OX} = \overrightarrow{OQ} + x\overrightarrow{QP} + y\overrightarrow{QR}$ ……(★)
[x と y はパラメーター]
と表せる。 よね。 ◀Point 5.2

以下，$\overrightarrow{OQ}$ と $\overrightarrow{QP}$ と $\overrightarrow{QR}$ を $\vec{a}$ と $\vec{b}$ と $\vec{c}$ を使って書き直そう。

まず，左図を考え， 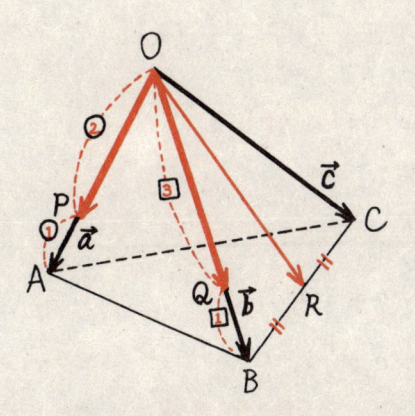
$$\begin{cases} \overrightarrow{OP} = \dfrac{2}{3}\overrightarrow{OA} \\ \quad = \dfrac{2}{3}\vec{a} \\ \overrightarrow{OQ} = \dfrac{3}{4}\overrightarrow{OB} \\ \quad = \dfrac{3}{4}\vec{b} \\ \overrightarrow{OR} = \dfrac{1}{2}(\overrightarrow{OB} + \overrightarrow{OC}) \quad \text{◀Point 1.6} \\ \quad = \dfrac{1}{2}(\vec{b} + \vec{c}) \end{cases}$$ がいえるよね。

よって，
$$\begin{cases} \overrightarrow{OQ} = \dfrac{3}{4}\vec{b} \\ \overrightarrow{QP} = -\overrightarrow{OQ} + \overrightarrow{OP} = -\dfrac{3}{4}\vec{b} + \dfrac{2}{3}\vec{a} \quad \text{◀Point 1.9} \\ \overrightarrow{QR} = -\overrightarrow{OQ} + \overrightarrow{OR} = -\dfrac{3}{4}\vec{b} + \dfrac{1}{2}(\vec{b} + \vec{c}) = -\dfrac{1}{4}\vec{b} + \dfrac{1}{2}\vec{c} \quad \text{◀Point 1.9} \end{cases}$$
が得られる。

これらを（★）に代入すると、 ◀（★）を $\vec{a}$ と $\vec{b}$ と $\vec{c}$ だけで表す！

$\overrightarrow{OX} = \overrightarrow{OQ} + x\overrightarrow{QP} + y\overrightarrow{QR}$ ……（★）

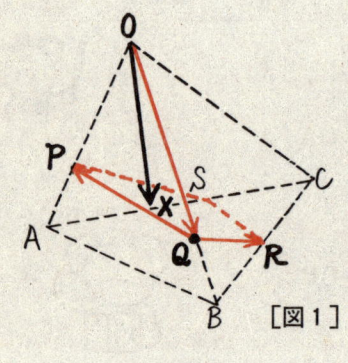

$= \dfrac{3}{4}\vec{b} + x\left(-\dfrac{3}{4}\vec{b} + \dfrac{2}{3}\vec{a}\right) + y\left(-\dfrac{1}{4}\vec{b} + \dfrac{1}{2}\vec{c}\right)$

$= \dfrac{2}{3}x\vec{a} + \dfrac{1}{4}(3-3x-y)\vec{b} + \dfrac{y}{2}\vec{c}$ のように

$\overrightarrow{OX}$ を $\vec{a}$ と $\vec{b}$ と $\vec{c}$ で表すことができた！

[解答]
(1)

［図1］を考え、

平面PQR上の点Xは
$\overrightarrow{OX} = \overrightarrow{OQ} + x\overrightarrow{QP} + y\overrightarrow{QR}$ ……（★）
[x と y はパラメーター]
と表せる。 ◀Point 5.2

さらに、［図2］を考え、

$\begin{cases} \overrightarrow{OQ} = \dfrac{3}{4}\vec{b} \\ \overrightarrow{QP} = -\dfrac{3}{4}\vec{b} + \dfrac{2}{3}\vec{a} \\ \overrightarrow{QR} = -\dfrac{1}{4}\vec{b} + \dfrac{1}{2}\vec{c} \end{cases}$

がいえるので、 ◀[考え方]参照

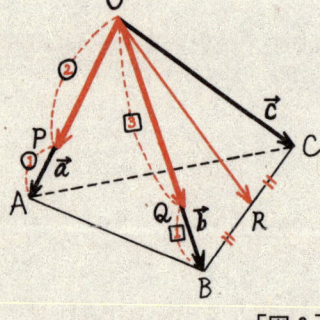

$\overrightarrow{OX} = \overrightarrow{OQ} + x\overrightarrow{QP} + y\overrightarrow{QR}$ ……（★）

$= \dfrac{3}{4}\vec{b} + x\left(-\dfrac{3}{4}\vec{b} + \dfrac{2}{3}\vec{a}\right) + y\left(-\dfrac{1}{4}\vec{b} + \dfrac{1}{2}\vec{c}\right)$

$= \dfrac{2}{3}x\vec{a} + \dfrac{1}{4}(3-3x-y)\vec{b} + \dfrac{y}{2}\vec{c}$

[x と y はパラメーター]

［図1］

［図2］

(注)

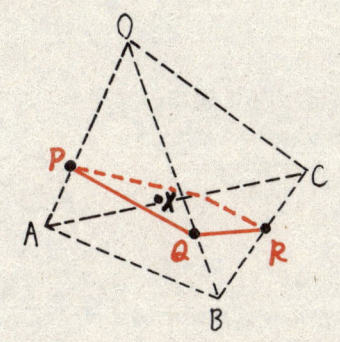

平面PQR上の点Xについて，僕は
点Xは"点Qを通る平面PQR上の点"…ⓐ
と考えたが，
点Xは"点Pを通る平面PQR上の点"…ⓑ
と考えてもいいし，
点Xは"点Rを通る平面PQR上の点"…ⓒ
と考えてもいい。

ちなみに，ⓑの場合は
$\vec{OX} = \vec{OP} + x\vec{PQ} + y\vec{PR}$ ◀ Point 5.2
$= \vec{OP} + x(-\vec{OP}+\vec{OQ}) + y(-\vec{OP}+\vec{OR})$ ◀Point 1.9
$= (1-x-y)\vec{OP} + x\vec{OQ} + y\vec{OR}$ ◀ 整理した
$= (1-x-y)\cdot\frac{2}{3}\vec{a} + x\cdot\frac{3}{4}\vec{b} + y\cdot\frac{1}{2}(\vec{b}+\vec{c})$
$= \frac{2}{3}(1-x-y)\vec{a} + \frac{1}{4}(3x+2y)\vec{b} + \frac{y}{2}\vec{c}$

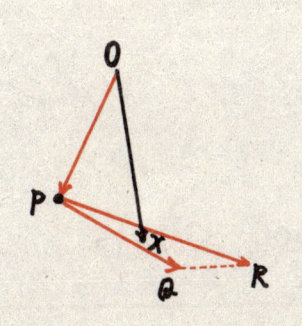

となり，

ⓒの場合は
$\vec{OX} = \vec{OR} + x\vec{RP} + y\vec{RQ}$ ◀ Point 5.2
$= \vec{OR} + x(-\vec{OR}+\vec{OP}) + y(-\vec{OR}+\vec{OQ})$ ◀Point 1.9
$= x\vec{OP} + y\vec{OQ} + (1-x-y)\vec{OR}$ ◀ 整理した
$= x\cdot\frac{2}{3}\vec{a} + y\cdot\frac{3}{4}\vec{b} + (1-x-y)\cdot\frac{1}{2}(\vec{b}+\vec{c})$
$= \frac{2}{3}x\vec{a} + \frac{1}{4}(2-2x+y)\vec{b} + \frac{1}{2}(1-x-y)\vec{c}$

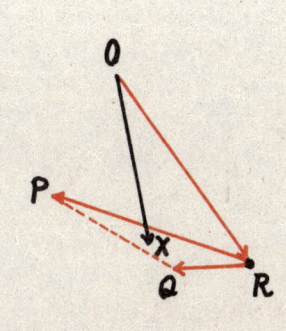

となる。

▶このように(1)の答えの形は何通りも考えられるのだが，要は最終的に(2)の答えが AS：AC＝3：2 になれば(1)の答えの形は何でもいいのである！

[考え方]
(2)

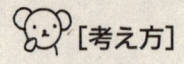

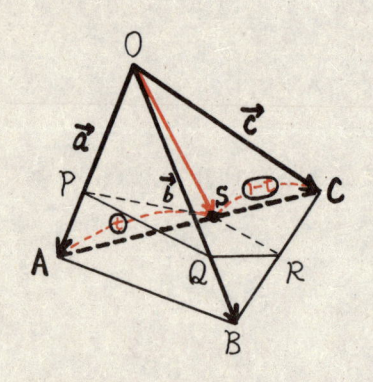

まず、
AS : SC を求める問題なので、
Point 1.15 を考え
AS : SC $= t : 1-t$ とおこう。

さらに、
t を求めるために、**Point 4.1** を考え、
$\overrightarrow{OS}$ を $\vec{a}, \vec{b}, \vec{c}$ を使って2通りで
表して t の関係式を導こう。

$\boxed{\overrightarrow{OS} \text{ の1通りの表し方について}}$

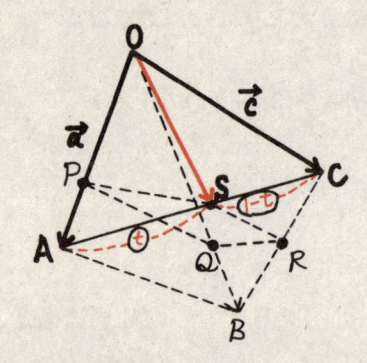

左図を考え、
$\overrightarrow{OS} = (1-t)\overrightarrow{OA} + t\overrightarrow{OC}$ ◀ **Point 1.5**
$= (1-t)\vec{a} + t\vec{c}$ ……①
が得られる。

$\boxed{\overrightarrow{OS} \text{ のもう1通りの表し方について}}$

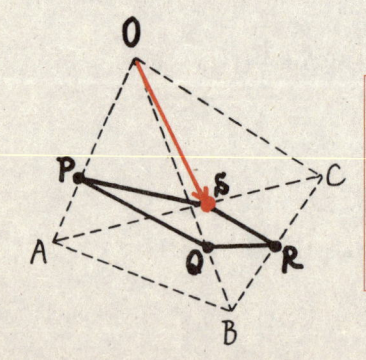

点 S は平面 PQR 上の点なので
(1)より ◀ **Point 1.10**（前の問題の結果を使う！）
$\overrightarrow{OS} = \dfrac{2}{3}x\vec{a} + \dfrac{1}{4}(3-3x-y)\vec{b} + \dfrac{y}{2}\vec{c}$ ……②
とおくことができる。 ◀(1)のXをSに
書き直すだけ！

よって、①と②から、$\overrightarrow{OS} = \overrightarrow{OS}$ を考え

$(1-t)\vec{a} + t\vec{c} = \dfrac{2}{3}x\vec{a} + \dfrac{1}{4}(3-3x-y)\vec{b} + \dfrac{y}{2}\vec{c}$ ……(*)

が得られる。

さらに、(*)から、**Point 4.1** を考え

$$\begin{cases} 1-t = \dfrac{2}{3}x \ \cdots\cdots ⓐ \quad ◀ (\vec{a}\text{の係数}) = (\vec{a}\text{の係数}) \\ 0 = \dfrac{1}{4}(3-3x-y) \ \cdots\cdots ⓑ \quad ◀ (\vec{b}\text{の係数}) = (\vec{b}\text{の係数}) \\ t = \dfrac{y}{2} \ \cdots\cdots ⓒ \quad ◀ (\vec{c}\text{の係数}) = (\vec{c}\text{の係数}) \end{cases}$$

がいえるよね。

ところで、この問題は $AS:SC (= t:1-t)$ だけを求める問題なので t だけを求めればいいよね。 ◀ x と y は求める必要がない！
そこで、

ⓐ, ⓑ, ⓒ から x と y を消去して t だけの式を導こう。

とりあえず、分数が入っている式だと考えにくいので、
次のように 分母を払った式で考えよう。

$$\begin{cases} 3-3t = 2x \ \cdots\cdots ⓐ' \quad ◀ 両辺に3を掛けて分母を払った \\ 0 = 3-3x-y \ \cdots\cdots ⓑ' \quad ◀ 両辺に4を掛けて分母を払った \\ 2t = y \ \cdots\cdots ⓒ' \quad ◀ 両辺に2を掛けて分母を払った \end{cases}$$

まず、
$3 \times ⓐ' + 2 \times ⓑ'$ を考えると、 ◀ $\begin{cases} 9-9t = 6x \ \cdots\cdots 3\times ⓐ' \\ 0 = 6-6x-2y \ \cdots\cdots 2\times ⓑ' \end{cases}$

$9 - 9t = 6 - 2y$ …… ⓓ のように
x を消去することができるよね。

さらに、
$2 \times ⓒ' + ⓓ$ を考えると、 ◀ $\begin{cases} 4t = 2y \ \cdots\cdots 2\times ⓒ' \\ 9-9t = 6-2y \ \cdots\cdots ⓓ \end{cases}$

$9 - 5t = 6$ のように
y を消去することができるよね。

よって，
$9-5t=6 \Leftrightarrow 5t=3$
$\qquad \Leftrightarrow t=\dfrac{3}{5}$ より

AS : SC $=\dfrac{3}{5}:\dfrac{2}{5}$ ◀ t : 1-t

$\qquad =3:2$ が分かった！ ◀ 5を掛けて分母を払った

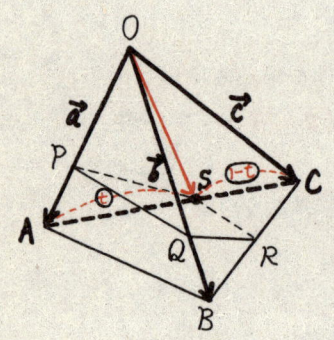

[解答]
(2)

AS : SC $= t : 1-t$ とおく と， ◀ Point 1.15
$\overrightarrow{OS}=(1-t)\overrightarrow{OA}+t\overrightarrow{OC}$ ◀ Point 1.5
$\qquad =(1-t)\vec{a}+t\vec{c}$ ……①
が得られる。

また，

点 S は平面 PQR 上の点なので
(1)より ◀ Point 1.10（前の問題の結果を使う！）
$\overrightarrow{OS}=\dfrac{2}{3}x\vec{a}+\dfrac{1}{4}(3-3x-y)\vec{b}+\dfrac{y}{2}\vec{c}$ ……②
とおくことができる。 ◀ (1)の X を S に書き直すだけ！

よって，①と②から，$\overrightarrow{OS}=\overrightarrow{OS}$ を考え
$(1-t)\vec{a}+t\vec{c}=\dfrac{2}{3}x\vec{a}+\dfrac{1}{4}(3-3x-y)\vec{b}+\dfrac{y}{2}\vec{c}$ ……(*)
が得られる。

さらに,

$\vec{a}, \vec{b}, \vec{c}$ は1次独立であることを考え,(*)から

$$\begin{cases} 1-t=\dfrac{2}{3}x \quad \cdots\cdots ⓐ \quad \blacktriangleleft (\vec{a} の係数)=(\vec{a} の係数) \\ 0=\dfrac{1}{4}(3-3x-y) \quad \cdots\cdots ⓑ \quad \blacktriangleleft (\vec{b} の係数)=(\vec{b} の係数) \\ t=\dfrac{y}{2} \quad \cdots\cdots ⓒ \quad \blacktriangleleft (\vec{c} の係数)=(\vec{c} の係数) \end{cases}$$

がいえる。 ◀ Point 4.1

ここで,

$\boxed{9\times ⓐ + 8\times ⓑ + 4\times ⓒ}$ より ◀ xとyを消去してtだけの式にする!

$(9-9t)+0+4t=6x+(6-6x-2y)+2y$

$\Leftrightarrow 9-5t=6$ ◀ xとyが消えてtだけの式になった!

$\Leftrightarrow 5t=3$

$\Leftrightarrow t=\dfrac{3}{5}$ が得られるので,

$AS:SC = \dfrac{3}{5}:\dfrac{2}{5}$ ◀ t:1-t

$= 3:2$ ◀ 5を掛けて分母を払った

練習問題 18

四面体 OABC について以下の問いに答えよ。

(1) $\overrightarrow{OP}=l\overrightarrow{OA}+m\overrightarrow{OB}+n\overrightarrow{OC}$ とするとき,

点 P が △ABC を含む平面上にあるための条件は

$l+m+n=1$ であることを示せ。

(2) $\overrightarrow{OP}=x\overrightarrow{OA}+y\overrightarrow{OB}+z\overrightarrow{OC}$, $x+2y+3z=1$ とするとき,

点 P はいかなる図形上にあるか。

例題21

OA=3, OB=2, OC=3, AC=4, BC=2, ∠AOB=90° を満たす四面体OABCにおいて、3点O, A, Bを含む平面をP, 点Cから平面Pに下ろした垂線の足をHとする。
さらに、$\vec{OA}=\vec{a}$, $\vec{OB}=\vec{b}$, $\vec{OC}=\vec{c}$ とおく。

(1) 内積 $\vec{a}\cdot\vec{c}$, $\vec{b}\cdot\vec{c}$ の値を求めよ。
(2) $\vec{OH}=s\vec{a}+t\vec{b}$ を満たす実数 s, t の値を求めよ。
(3) 点Cの平面Pに関する対称点をDとするとき、$\vec{OD}$ を $\vec{a}$, $\vec{b}$, $\vec{c}$ で表せ。

[考え方]

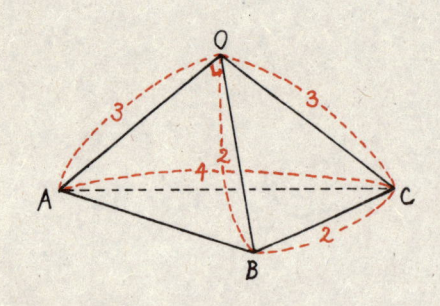

(1)

まず、**Point 2.1** より
$$\begin{cases} \vec{a}\cdot\vec{c}=|\vec{a}||\vec{c}|\cos\angle AOC & \cdots\cdots ① \\ \vec{b}\cdot\vec{c}=|\vec{b}||\vec{c}|\cos\angle BOC & \cdots\cdots ② \end{cases}$$
がいえるよね。

さらに、問題文より
$$\begin{cases} |\vec{a}|=|\vec{OA}|=3 & \cdots\cdots ⓐ \\ |\vec{b}|=|\vec{OB}|=2 & \cdots\cdots ⓑ \\ |\vec{c}|=|\vec{OC}|=3 & \cdots\cdots ⓒ \end{cases}$$
がいえるので、

①と②から
$$\begin{cases} \vec{a}\cdot\vec{c}=9\cos\angle AOC & \cdots\cdots ①' \\ \vec{b}\cdot\vec{c}=6\cos\angle BOC & \cdots\cdots ②' \end{cases}$$

◀ ①にⓐとⓒを代入した
◀ ②にⓑとⓒを代入した

が得られる。

そこで、
$\vec{a}\cdot\vec{c}$ と $\vec{b}\cdot\vec{c}$ を求めるために cos∠AOC と cos∠BOC を求めよう。

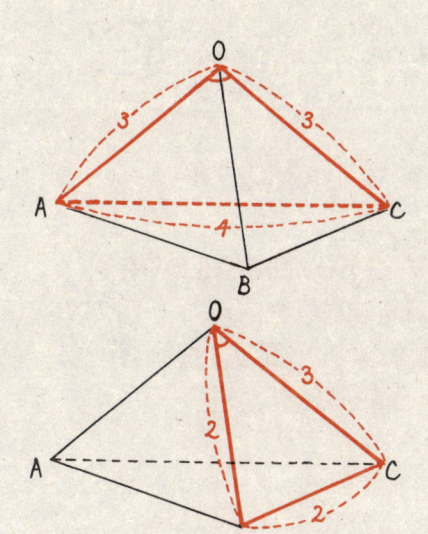

平面のベクトル表示　33

cos∠AOC について

余弦定理より

$$\cos\angle \text{AOC} = \frac{3^2+3^2-4^2}{2\cdot 3\cdot 3}$$

$$= \frac{1}{9} \quad \blacktriangleleft \frac{2}{2\cdot 3\cdot 3}$$

cos∠BOC について

余弦定理より

$$\cos\angle \text{BOC} = \frac{2^2+3^2-2^2}{2\cdot 2\cdot 3}$$

$$= \frac{3}{4} \quad \blacktriangleleft \frac{9}{2\cdot 2\cdot 3}$$

よって，

$$\begin{cases} \vec{a}\cdot\vec{c} = 9\cdot\dfrac{1}{9} = 1 & \blacktriangleleft \vec{a}\cdot\vec{c}=9\cos\angle\text{AOC}\cdots\text{①}'に\cos\angle\text{AOC}=\dfrac{1}{9}を代入した \\ \vec{b}\cdot\vec{c} = 6\cdot\dfrac{3}{4} = \dfrac{9}{2} & \blacktriangleleft \vec{b}\cdot\vec{c}=6\cos\angle\text{BOC}\cdots\text{②}'に\cos\angle\text{BOC}=\dfrac{3}{4}を代入した \end{cases}$$

が得られた。

[解答]

(1)

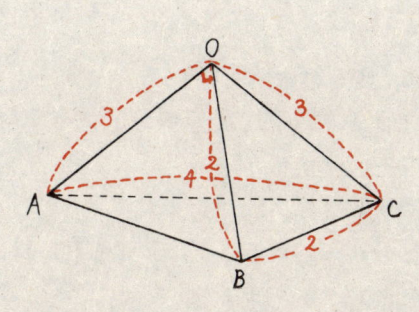

余弦定理より

$$\begin{cases} \cos\angle \text{AOC} = \dfrac{1}{9} \\ \cos\angle \text{BOC} = \dfrac{3}{4} \end{cases}$$

が得られるので，　◀[考え方]参照

$\vec{a}\cdot\vec{c} = |\vec{a}||\vec{c}|\cos\angle\text{AOC}$　◀ Point 2.1

$= 1$　◀ $|\vec{a}|=3$と$|\vec{c}|=3$を代入した

$\vec{b}\cdot\vec{c} = |\vec{b}||\vec{c}|\cos\angle\text{BOC}$　◀ Point 2.1

$= \dfrac{9}{2}$　◀ $|\vec{b}|=2$と$|\vec{c}|=3$を代入した

また，(1)は次の[別解]のようにも求めることができる。

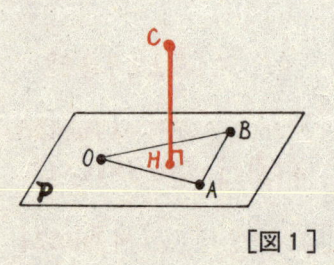

[別解]
(1) AC=4 から $|\vec{AC}|=4$ がいえる ので， ◀ $|\vec{AC}|=AC$

$|\vec{AC}|=4$
$\Leftrightarrow |-\vec{a}+\vec{c}|=4$ ◀ Point 1.9を使って$\vec{a}$と$\vec{c}$だけの関係式を導いた！
$\Leftrightarrow |-\vec{a}+\vec{c}|^2=4^2$ ◀ 計算できるように両辺を2乗した
$\Leftrightarrow |\vec{a}|^2-2\vec{a}\cdot\vec{c}+|\vec{c}|^2=16$ ◀ Point 2.8を使って展開した
$\Leftrightarrow 9-2\vec{a}\cdot\vec{c}+9=16$ ◀ $|\vec{a}|=3$と$|\vec{c}|=3$を代入した
∴ $\vec{a}\cdot\vec{c}=1$ ◀ $-2\vec{a}\cdot\vec{c}=-2$

また，BC=2 から $|\vec{BC}|=2$ がいえる ので， ◀ $|\vec{BC}|=BC$

$|\vec{BC}|=2$
$\Leftrightarrow |-\vec{b}+\vec{c}|=2$ ◀ Point 1.9を使って$\vec{b}$と$\vec{c}$だけの関係式を導いた！
$\Leftrightarrow |-\vec{b}+\vec{c}|^2=2^2$ ◀ 計算できるように両辺を2乗した
$\Leftrightarrow |\vec{b}|^2-2\vec{b}\cdot\vec{c}+|\vec{c}|^2=4$ ◀ Point 2.8を使って展開した
$\Leftrightarrow 4-2\vec{b}\cdot\vec{c}+9=4$ ◀ $|\vec{b}|=2$と$|\vec{c}|=3$を代入した
∴ $\vec{b}\cdot\vec{c}=\dfrac{9}{2}$ ◀ $-2\vec{b}\cdot\vec{c}=-9$

[考え方]
(2) まず，
「3点O，A，Bを含む平面をP，
点Cから平面Pに下ろした垂線の足を
Hとする」を図示すると，
[図1]のようになるよね。
Hに関して分かっていることは
これだけなので，
この図から$\vec{OH}$を求めるしかない よね。

[図1]

そこで，[図1]からHに関する式を導いてみよう。

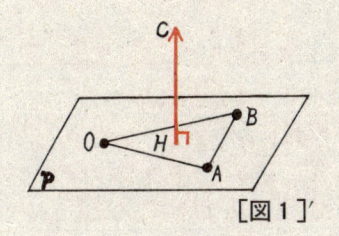

まず，[図1]' より
$\overrightarrow{HC}$ が平面 P に対して垂直になっている
ことが分かるよね。

「ベクトルが平面に対して垂直である条件」は知っているかい？
「ベクトルが平面に対して垂直である条件」といったら
すぐに次の **Point 5.3** が思い浮かばなければならない！

Point 5.3 〈ベクトルが平面に対して垂直である条件〉

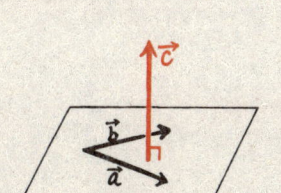

1次独立な2つのベクトル
$\vec{a}$ と $\vec{b}$ を含む平面に対して
$\vec{c}$ が垂直であるとき
$\begin{cases} \vec{a}\cdot\vec{c}=0 \\ \vec{b}\cdot\vec{c}=0 \end{cases}$ がいえる。

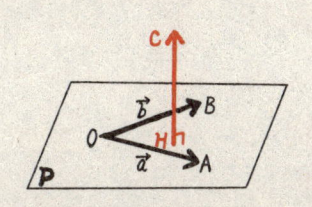

まず，左図のように
$\vec{a}$ と $\vec{b}$ を含む平面に対して
$\overrightarrow{HC}$ が垂直になっているので
$\begin{cases} \vec{a}\cdot\overrightarrow{HC}=0 & \cdots\cdots Ⓐ \\ \vec{b}\cdot\overrightarrow{HC}=0 & \cdots\cdots Ⓑ \end{cases}$
がいえる　よね。 ◀ Point 5.3

さらに，
$\overrightarrow{HC} = -\overrightarrow{OH} + \overrightarrow{OC}$　◀ Point 1.9を使って始点をOに変えた
$\phantom{\overrightarrow{HC}} = -(s\vec{a}+t\vec{b}) + \vec{c}$　◀ 問題文の $\overrightarrow{OH}=s\vec{a}+t\vec{b}$ を代入した！
$\phantom{\overrightarrow{HC}} = -s\vec{a}-t\vec{b}+\vec{c}$　より，　◀ $\overrightarrow{HC}$を$\vec{a}$と$\vec{b}$と$\vec{c}$を使って表した！

$\vec{a}\cdot\overrightarrow{HC}=0$ ……Ⓐ $\Leftrightarrow \vec{a}\cdot(-s\vec{a}-t\vec{b}+\vec{c})=0$ ◀ $\overrightarrow{HC}=-s\vec{a}-t\vec{b}+\vec{c}$
$\qquad\qquad\qquad\quad \Leftrightarrow -s|\vec{a}|^2-t\vec{a}\cdot\vec{b}+\vec{a}\cdot\vec{c}=0$ ◀展開した
$\qquad\qquad\qquad\quad \Leftrightarrow -s\cdot 3^2-t\cdot 0+1=0$ ◀問題文の「∠AOB=90°」より
$\qquad\qquad\qquad\quad \Leftrightarrow 9s=1$ $\qquad\qquad\qquad$ $\vec{a}$と$\vec{b}$のなす角が90°なので、
$\qquad\qquad\qquad\qquad\qquad\qquad\qquad\qquad$ $\vec{a}\cdot\vec{b}=0$ [Point 2.2]
$\qquad\qquad\therefore\ s=\dfrac{1}{9}$ ◀sが求められた！

$\vec{b}\cdot\overrightarrow{HC}=0$ ……Ⓑ $\Leftrightarrow \vec{b}\cdot(-s\vec{a}-t\vec{b}+\vec{c})=0$ ◀ $\overrightarrow{HC}=-s\vec{a}-t\vec{b}+\vec{c}$
$\qquad\qquad\qquad\quad \Leftrightarrow -s\vec{a}\cdot\vec{b}-t|\vec{b}|^2+\vec{b}\cdot\vec{c}=0$ ◀展開した

$\qquad\qquad\qquad\quad \Leftrightarrow -s\cdot 0-t\cdot 2^2+\dfrac{9}{2}=0$ ◀ $\vec{a}\cdot\vec{b}=0$, $|\vec{b}|=2$, $\vec{b}\cdot\vec{c}=\dfrac{9}{2}$

$\qquad\qquad\qquad\quad \Leftrightarrow 4t=\dfrac{9}{2}$

$\qquad\qquad\therefore\ t=\dfrac{9}{8}$ ◀tが求められた！

以上より、

$\overrightarrow{OH}=\dfrac{1}{9}\vec{a}+\dfrac{9}{8}\vec{b}$ が求められた。 ◀ $\overrightarrow{OH}=s\vec{a}+t\vec{b}$

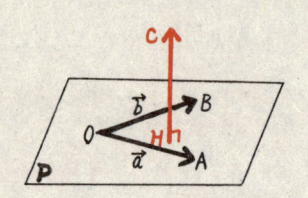

[解答]
(2)

$\overrightarrow{HC}$ は、$\vec{a}$と$\vec{b}$を含む平面に対して垂直になっているので
$\begin{cases}\vec{a}\cdot\overrightarrow{HC}=0 \text{……Ⓐ}\\ \vec{b}\cdot\overrightarrow{HC}=0 \text{……Ⓑ}\end{cases}$
がいえる。 ◀ Point 5.3

さらに、
$\overrightarrow{HC}=-s\vec{a}-t\vec{b}+\vec{c}$ より、 ◀ $\overrightarrow{OH}=s\vec{a}+t\vec{b}$

$\vec{a}\cdot\overrightarrow{HC}=0$ ……Ⓐ $\Leftrightarrow \vec{a}\cdot(-s\vec{a}-t\vec{b}+\vec{c})=0$
$\qquad\qquad\qquad\quad \Leftrightarrow -s|\vec{a}|^2-t\vec{a}\cdot\vec{b}+\vec{a}\cdot\vec{c}=0$ ◀展開した
$\qquad\qquad\qquad\quad \Leftrightarrow -9s+1=0$ ◀ $|\vec{a}|=3$と$\vec{a}\cdot\vec{b}=0$と$\vec{a}\cdot\vec{c}=1$を代入した

$\qquad\qquad\therefore\ s=\dfrac{1}{9}$

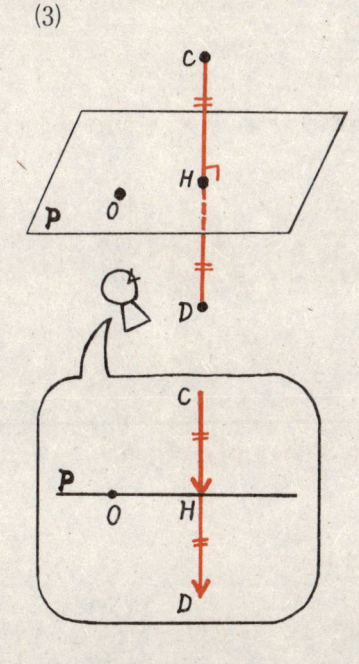

$\vec{b}\cdot\overrightarrow{HC}=0$ ……Ⓑ $\Leftrightarrow \vec{b}\cdot(-s\vec{a}-t\vec{b}+\vec{c})=0$
$\Leftrightarrow -s\vec{a}\cdot\vec{b}-t|\vec{b}|^2+\vec{b}\cdot\vec{c}=0$ ◀展開した
$\Leftrightarrow -4t+\dfrac{9}{2}=0$ ◀$\vec{a}\cdot\vec{b}=0$と$|\vec{b}|=2$と$\vec{b}\cdot\vec{c}=\dfrac{9}{2}$を代入した
$\therefore\ t=\dfrac{9}{8}$//

[考え方]
(3)

まず,
「点Cの平面Pに関する対称点を
Dとする」を図示すると
左図のようになる。

◀平面は真横から見れば直線に見える！

図より"対称点"に関しては
$\boxed{\overrightarrow{CH}=\overrightarrow{HD}\ \cdots\cdots(*)}$ がいえる
ことが分かるよね。

Section 2 ([平面図形] のP.63の 練習問題9) でもいったように,
対称点に関する問題は $\overrightarrow{CH}=\overrightarrow{HD}$ ……(*) に気付けば,
もう解けたようなものなのである。

対称点に関する問題では,一般に次の2通りの求め方がある。

解 I

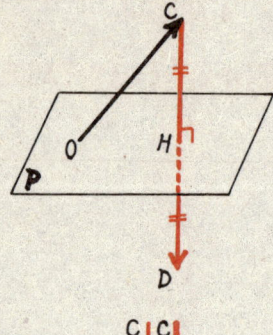

まず，左図を考え
$\overrightarrow{OD} = \overrightarrow{OC} + \overrightarrow{CD}$ ……①
がいえるよね。 ◀ ベクトルの基本性質
　　　　　　　　　[平面図形編(P.20)参照]

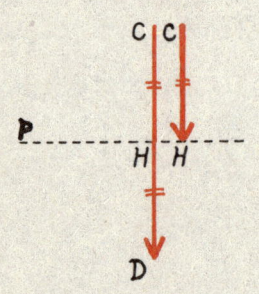

さらに，
$\overrightarrow{CH} = \overrightarrow{HD}$ ……(*) を考え
$\overrightarrow{CD} = 2\overrightarrow{CH}$ がいえる　ので　◀ 左図を見よ
$\overrightarrow{OD} = \overrightarrow{OC} + \overrightarrow{CD}$ ……①
　　　$= \overrightarrow{OC} + 2\overrightarrow{CH}$ ……①'
が得られた。 ◀ $\overrightarrow{OD}$ をDを使わないで表すことができた！

よって，
$\overrightarrow{OD} = \overrightarrow{OC} + 2\overrightarrow{CH}$ ……①'
　　$= \overrightarrow{OC} + 2(-\overrightarrow{OC} + \overrightarrow{OH})$ ◀ Point 1.9を使って始点をOに変えた
　　$= -\overrightarrow{OC} + 2\overrightarrow{OH}$ ◀ 整理した
　　$= -\vec{c} + 2\left(\frac{1}{9}\vec{a} + \frac{9}{8}\vec{b}\right)$ ◀ (2)の結果を使った！
　　$= \frac{2}{9}\vec{a} + \frac{9}{4}\vec{b} - \vec{c}$ ◀ $\overrightarrow{OD}$ を $\vec{a}$ と $\vec{b}$ と $\vec{c}$ で表すことができた！

平面のベクトル表示　39

解Ⅱ

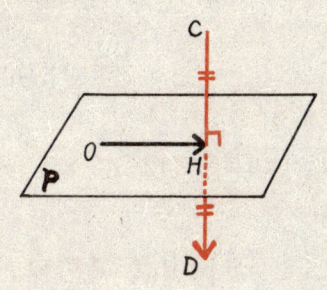

まず，左図を考え
$\overrightarrow{OD} = \overrightarrow{OH} + \overrightarrow{HD}$ ……②
がいえるよね。◀ベクトルの基本性質
　　　　　　　　［平面図形編（P.20）参照］

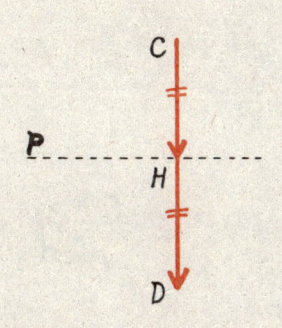

さらに，
$\overrightarrow{HD} = \overrightarrow{CH}$ ……(*) より
$\overrightarrow{OD} = \overrightarrow{OH} + \overrightarrow{HD}$ ……②
　　　$= \overrightarrow{OH} + \overrightarrow{CH}$ ……②′
が得られる。◀$\overrightarrow{OD}$をDを使わないで表すことができた！

よって，
$\overrightarrow{OD} = \overrightarrow{OH} + \overrightarrow{CH}$ ……②′
　　$= \overrightarrow{OH} + (-\overrightarrow{OC} + \overrightarrow{OH})$　◀Point 1.9を使って始点をOに変えた
　　$= -\overrightarrow{OC} + 2\overrightarrow{OH}$　◀整理した
　　$= -\vec{c} + 2\left(\dfrac{1}{9}\vec{a} + \dfrac{9}{8}\vec{b}\right)$　◀(2)の結果を使った！
　　$= \dfrac{2}{9}\vec{a} + \dfrac{9}{4}\vec{b} - \vec{c}$　◀$\overrightarrow{OD}$を$\vec{a}$と$\vec{b}$と$\vec{c}$で表すことができた！

▶ 解Ⅰ，解Ⅱのどちらで解いてもいいのだが，ここでは，解Ⅰで解いておくことにしよう。

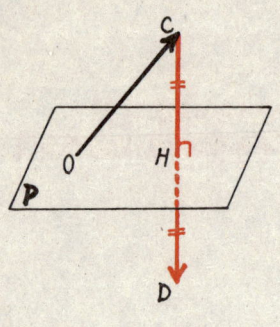

[解答]

(3)

$\vec{OD} = \vec{OC} + \vec{CD}$
$= \vec{OC} + 2\vec{CH}$ ◀ $\vec{CD} = 2\vec{CH}$
$= \vec{OC} + 2(-\vec{OC} + \vec{OH})$ ◀ Point 1.9
$= -\vec{OC} + 2\vec{OH}$ ◀ 整理した
$= -\vec{c} + 2\left(\dfrac{1}{9}\vec{a} + \dfrac{9}{8}\vec{b}\right)$ ◀ (2)の結果を使った！
$= \dfrac{2}{9}\vec{a} + \dfrac{9}{4}\vec{b} - \vec{c}$

以上の考え方を踏まえて次の **練習問題 19** をやってごらん。

練習問題 19

辺の長さが 1 である正四面体 OABC がある。点 G は，
$$4\vec{OG} = \vec{OA} + \vec{OB} + \vec{OC}$$
を満たし，3 点 P，Q，R は，それぞれ辺 OA，OB，OC 上にある。

(1) $0 < p < 1$，$0 < q < 1$，$0 < r < 1$ を満たす p, q, r に対して
$\vec{OP} = p\vec{OA}$, $\vec{OQ} = q\vec{OB}$, $\vec{OR} = r\vec{OC}$ とする。

点 G が △PQR を含む平面上にあるならば，
$$4 = \dfrac{1}{p} + \dfrac{1}{q} + \dfrac{1}{r}$$
が成り立つことを示せ。

(2) 点 R から △OAB におろした垂線の足を H とすると，
$$\vec{OH} = \dfrac{r}{3}(\vec{OA} + \vec{OB})$$
であることを示せ。

Section 6 空間図形に関する応用問題

Section1～Section5 までは主にセンター試験対策レベルの基礎的な問題を中心に解説してきましたが、この章では今までのまとめとして応用問題を中心に解説することにします。知識的にはほとんど問題がないはずなのでとりあえず1問20～30分をメドにして、今までの知識を総動員して自分の頭だけを使って考えてみて下さい。

総合演習 1

四面体 OABC において，辺 OA の中点を P，辺 BC の中点を Q，辺 OB の中点を S，辺 CA の中点を T，辺 OC の中点を V，辺 AB の中点を W とする。

(1) $\overrightarrow{PQ} = \boxed{}\overrightarrow{OA} + \boxed{}\overrightarrow{OB} + \boxed{}\overrightarrow{OC}$ である。

(2) $\overrightarrow{PQ} \cdot \overrightarrow{ST} = \boxed{}AB^2 + \boxed{}OC^2$ である。

(3) $AB = 5$，$BC = 7$，$CA = 8$，$\overrightarrow{PQ} \cdot \overrightarrow{ST} = 6$，$\overrightarrow{ST} \cdot \overrightarrow{VW} = 8$，$\overrightarrow{VW} \cdot \overrightarrow{PQ} = 9$ のとき，

　(i) $OC = \boxed{}$ である。

　(ii) $\cos \angle AOB = \boxed{}$ である。

［センター試験］

［考え方］

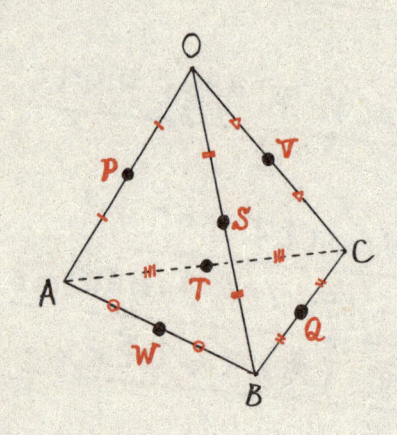

(1) まず，「辺 OA の中点を P，辺 BC の中点を Q，辺 OB の中点を S，辺 CA の中点を T，辺 OC の中点を V，辺 AB の中点を W」を図示すると左図のようになる。

Point 1.9（始点の移動公式）より

$$\overrightarrow{PQ} = -\overrightarrow{OP} + \overrightarrow{OQ} \quad \cdots\cdots @$$

がいえるので，$\overrightarrow{PQ}$ を $\overrightarrow{OA}, \overrightarrow{OB}, \overrightarrow{OC}$ を使って表すためには，$\overrightarrow{OP}$ と $\overrightarrow{OQ}$ を $\overrightarrow{OA}, \overrightarrow{OB}, \overrightarrow{OC}$ を使って表せばいいよね。

▶いきなり $\overrightarrow{PQ}$ を $\overrightarrow{OA}, \overrightarrow{OB}, \overrightarrow{OC}$ を使って表すのは難しそうだけど，$\overrightarrow{OP}$ と $\overrightarrow{OQ}$ を $\overrightarrow{OA}, \overrightarrow{OB}, \overrightarrow{OC}$ を使って表すのは簡単そう！

そこで，$\vec{OP}$ と $\vec{OQ}$ について考えよう。

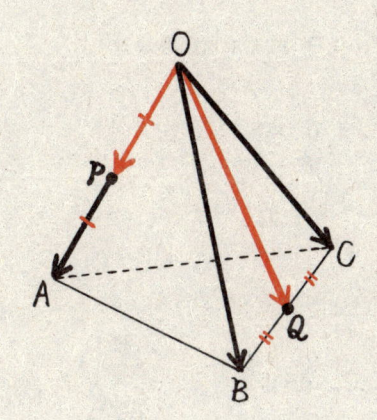

左図を考え，
$$\begin{cases} \vec{OP} = \dfrac{1}{2}\vec{OA} \\ \vec{OQ} = \dfrac{1}{2}(\vec{OB}+\vec{OC}) \end{cases}$$
◀ Point 1.6

がいえるよね。

よって，
$\vec{PQ} = -\vec{OP} + \vec{OQ}$ ……ⓐ

$= -\dfrac{1}{2}\vec{OA} + \dfrac{1}{2}(\vec{OB}+\vec{OC})$ ◀ $\vec{OA}, \vec{OB}, \vec{OC}$ だけで表せた！

$= \dfrac{1}{2}(-\vec{OA}+\vec{OB}+\vec{OC})$ ……ⓐ' が得られた。 ◀ $\dfrac{1}{2}$ でくくった

(2) まず，
Point 1.10（入試問題では(1)は(2)のヒントになっている！）を考え，
(1)で $\vec{PQ} = \dfrac{1}{2}(-\vec{OA}+\vec{OB}+\vec{OC})$ を求めているので，◀ $\vec{PQ}$ を $\vec{OA},\vec{OB},\vec{OC}$ を使って表した
$\vec{PQ}\cdot\vec{ST}$ を AB^2 と OC^2 を使って表すためには，とりあえず
(1)と同様に $\vec{ST}$ を $\vec{OA}$, $\vec{OB}$, $\vec{OC}$ を使って表せばよい，
ということが分かる。 ◀ 詳しくは[解説Ⅰ](P.56)を見よ！

そこで，$\vec{ST}$ を $\vec{OA}$, $\vec{OB}$, $\vec{OC}$ を使って表してみよう。

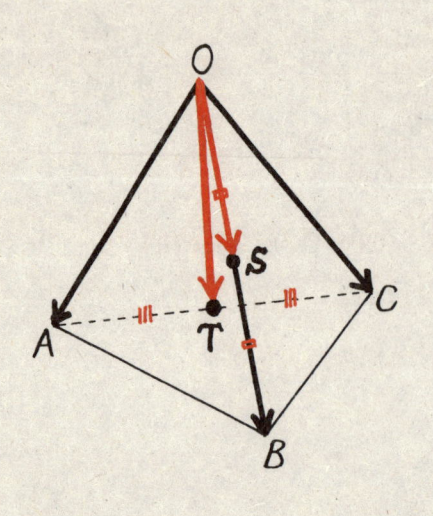

Point 1.9（始点の移動公式）より

$$\vec{ST} = -\vec{OS} + \vec{OT} \quad \cdots\cdots ⓑ$$

がいえるので，$\vec{ST}$ を $\vec{OA}$, $\vec{OB}$, $\vec{OC}$ を使って表すためには，$\vec{OS}$ と $\vec{OT}$ を $\vec{OA}$, $\vec{OB}$, $\vec{OC}$ を使って表せばいい よね。

そこで，左図を考え

$$\begin{cases} \vec{OS} = \dfrac{1}{2}\vec{OB} \\ \vec{OT} = \dfrac{1}{2}(\vec{OA} + \vec{OC}) \end{cases} \quad \blacktriangleleft \text{Point1.6}$$

がいえるので，

$$\begin{aligned}\vec{ST} &= -\vec{OS} + \vec{OT} \quad \cdots\cdots ⓑ \\ &= -\frac{1}{2}\vec{OB} + \frac{1}{2}(\vec{OA} + \vec{OC}) \quad \blacktriangleleft \vec{OA}, \vec{OB}, \vec{OC} \text{だけで表せた！}\\ &= \frac{1}{2}(\vec{OA} - \vec{OB} + \vec{OC}) \quad \cdots\cdots ⓑ' \text{ が得られた。} \quad \blacktriangleleft \tfrac{1}{2}\text{でくくった} \end{aligned}$$

以下，

$$\begin{cases} \vec{PQ} = \dfrac{1}{2}(-\vec{OA} + \vec{OB} + \vec{OC}) \quad \cdots\cdots ⓐ' \\ \vec{ST} = \dfrac{1}{2}(\vec{OA} - \vec{OB} + \vec{OC}) \quad \cdots\cdots ⓑ' \end{cases} \text{を使って}$$

$\vec{PQ} \cdot \vec{ST}$ について考えてみよう。

まず，この問題では，最終的に
$\vec{PQ}\cdot\vec{ST}$ を $\boxed{}AB^2+\boxed{}OC^2$ の形で表さなければならないんだよね。

だから
$\vec{PQ}$ と $\vec{ST}$ が最初から $\vec{AB}$ と $\vec{OC}$ だけで表せていれば都合がいいよね。

そこで，
$\boxed{\vec{PQ} と \vec{ST} を変形して \vec{AB} と \vec{OC} だけで表してみよう。}$

すると，
$$\begin{cases} \vec{PQ} = \dfrac{1}{2}(-\vec{OA}+\vec{OB}+\vec{OC}) \cdots\cdots ⓐ' \\ \phantom{\vec{PQ}} = \dfrac{1}{2}(\vec{AB}+\vec{OC}) \cdots\cdots ⓐ'' \quad \blacktriangleleft \text{Point 1.9} \\ \vec{ST} = \dfrac{1}{2}(\vec{OA}-\vec{OB}+\vec{OC}) \cdots\cdots ⓑ' \\ \phantom{\vec{ST}} = \dfrac{1}{2}\{-(-\vec{OA}+\vec{OB})+\vec{OC}\} \quad \blacktriangleleft -\text{でくくって}-\vec{OA}+\vec{OB}\text{をつくった} \\ \phantom{\vec{ST}} = \dfrac{1}{2}(-\vec{AB}+\vec{OC}) \cdots\cdots ⓑ'' \text{ のように} \quad \blacktriangleleft \text{Point 1.9} \end{cases}$$

$\vec{PQ}$ と $\vec{ST}$ を $\vec{AB}$ と $\vec{OC}$ だけで表すことができた。

そこで，ⓐ''とⓑ''を使って $\vec{PQ}\cdot\vec{ST}$ を求めてみると，

$\vec{PQ}\cdot\vec{ST} = \dfrac{1}{2}(\vec{AB}+\vec{OC})\cdot\dfrac{1}{2}(-\vec{AB}+\vec{OC})$

$\phantom{\vec{PQ}\cdot\vec{ST}} = \dfrac{1}{4}(-|\vec{AB}|^2+|\vec{OC}|^2)$ ◀ $(\vec{a}+\vec{b})\cdot(-\vec{a}+\vec{b})=-|\vec{a}|^2+|\vec{b}|^2$

$\phantom{\vec{PQ}\cdot\vec{ST}} = \dfrac{1}{4}(-AB^2+OC^2)$ ◀ $|\vec{AB}|=AB, |\vec{OC}|=OC$

$\phantom{\vec{PQ}\cdot\vec{ST}} = -\dfrac{1}{4}AB^2+\dfrac{1}{4}OC^2$ のように ◀ 展開した

簡単に $\vec{PQ}\cdot\vec{ST}$ を $\boxed{}AB^2+\boxed{}OC^2$ の形で表すことができた！

(3)
(i) $OC = \boxed{}$ について

まず，問題文の条件を書き出すと
$\begin{cases} AB=5 \quad \cdots\cdots \text{①} \\ BC=7 \quad \cdots\cdots \text{②} \\ CA=8 \quad \cdots\cdots \text{③} \\ \overrightarrow{PQ}\cdot\overrightarrow{ST}=6 \quad \cdots\cdots \text{④} \\ \overrightarrow{ST}\cdot\overrightarrow{VW}=8 \quad \cdots\cdots \text{⑤} \\ \overrightarrow{VW}\cdot\overrightarrow{PQ}=9 \quad \cdots\cdots \text{⑥} \end{cases}$ のようになる。

とりあえず OC は簡単に求められるよね。

えっ，なぜかって？

だって，

(2)で求めた $\overrightarrow{PQ}\cdot\overrightarrow{ST} = -\dfrac{1}{4}AB^2 + \dfrac{1}{4}OC^2$ において

$\overrightarrow{PQ}\cdot\overrightarrow{ST}$ と AB については

$\overrightarrow{PQ}\cdot\overrightarrow{ST}=6 \,\cdots\cdots\,$ ④ と $AB=5 \,\cdots\cdots\,$ ① から値が分かるので，

$\overrightarrow{PQ}\cdot\overrightarrow{ST} = -\dfrac{1}{4}AB^2 + \dfrac{1}{4}OC^2$ ◀前の問題の結果を使う！(Point 1.10)

$\Leftrightarrow 6 = -\dfrac{1}{4}\cdot 5^2 + \dfrac{1}{4}OC^2$ ◀$\overrightarrow{PQ}\cdot\overrightarrow{ST}=6$……④とAB=5……①を代入した

$\Leftrightarrow 6 = -\dfrac{25}{4} + \dfrac{1}{4}OC^2$

$\Leftrightarrow 24 = -25 + OC^2$ ◀両辺に4を掛けて分母を払った

$\Leftrightarrow OC^2 = 49$

∴ $\underline{OC=7}$ のように ◀OCは辺の長さなのでOC=-7はありえない

OCは(2)の結果を使うだけで求められるでしょ。

(ii) $\cos\angle\mathrm{AOB}=\boxed{}$ について

まず，$\cos\angle\mathrm{AOB}$ の求め方については主に次の2通りがある。

$\cos\angle\mathrm{AOB}$ の求め方(I)

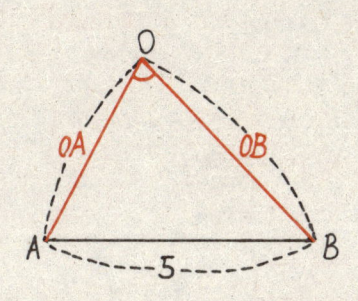

余弦定理から

$$\cos\angle\mathrm{AOB}=\frac{\mathrm{OA}^2+\mathrm{OB}^2-5^2}{2\cdot\mathrm{OA}\cdot\mathrm{OB}}$$

がいえるので，

OA と OB を求めれば
$\cos\angle\mathrm{AOB}$ を求めることができる。

$\cos\angle\mathrm{AOB}$ の求め方(II)

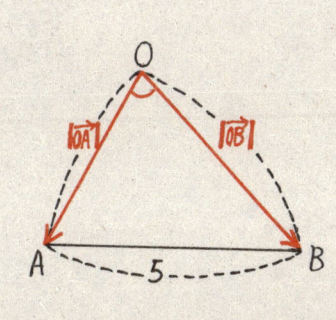

内積の定義（**Point 2.1**）から

$$\vec{\mathrm{OA}}\cdot\vec{\mathrm{OB}}=|\vec{\mathrm{OA}}||\vec{\mathrm{OB}}|\cos\angle\mathrm{AOB}$$

がいえるので，

$\vec{\mathrm{OA}}\cdot\vec{\mathrm{OB}}$ と $|\vec{\mathrm{OA}}|(=\mathrm{OA})$ と $|\vec{\mathrm{OB}}|(=\mathrm{OB})$
を求めれば
$\cos\angle\mathrm{AOB}$ を求めることができる。

つまり，(I) では OA と OB だけを求めれば
$\cos\angle\mathrm{AOB}$ を求めることができるのだが，
(II) では OA と OB だけではなく $\vec{\mathrm{OA}}\cdot\vec{\mathrm{OB}}$ も求めなければ
$\cos\angle\mathrm{AOB}$ を求めることができないんだ。

そこで，ここでは
(I) を考え，OA と OB を求めることにより $\cos\angle\mathrm{AOB}$ を求めることにしよう。

|OA と OB について|

　おそらく「OA と OB なんて どうやって求めたらいいんだ？」と思っている人は 意外に多いだろう。
確かに 何もヒントがなかったら難しいのかもしれないけれど，実は，既に出題者は OA と OB の求め方を教えてくれているんだよ。　◀ Point 1.10

|(1)➡(2)➡(3)(i)の流れで OC を求めることができたので，OA と OB についても 同じような流れで求めることができるはず|
だよね。　◀ 詳しくは[解説Ⅰ]（P.56）を見よ！

また，一般に，
|問題文で与えられた条件で 不必要なものはない| ことを考え，
OC は $AB=5$ ……① と $\overrightarrow{PQ}\cdot\overrightarrow{ST}=6$ ……④ を使って求めることができたので，
OA と OB は残りの条件の②，③，⑤，⑥を使えば求められそうだよね。

$$\begin{cases} AB=5 \ \cdots\cdots ① \quad ◀ (3)の(i)で使った \\ BC=7 \ \cdots\cdots ② \\ CA=8 \ \cdots\cdots ③ \\ \overrightarrow{PQ}\cdot\overrightarrow{ST}=6 \ \cdots\cdots ④ \quad ◀ (3)の(i)で使った \\ \overrightarrow{ST}\cdot\overrightarrow{VW}=8 \ \cdots\cdots ⑤ \\ \overrightarrow{VW}\cdot\overrightarrow{PQ}=9 \ \cdots\cdots ⑥ \end{cases}$$

そこで，とりあえず，まだ使っていない問題文の条件の
$\overrightarrow{ST}\cdot\overrightarrow{VW}=8$ ……⑤ について考えてみよう。

$\overrightarrow{ST}$ については既に(2)で $\overrightarrow{ST}=\dfrac{1}{2}(\overrightarrow{OA}-\overrightarrow{OB}+\overrightarrow{OC})$ ……ⓑ′
のように求めているので，
$\overrightarrow{VW}$ についても同様に $\overrightarrow{OA}$, $\overrightarrow{OB}$, $\overrightarrow{OC}$ を使って表してみよう。◀[解説Ⅰ]を見よ

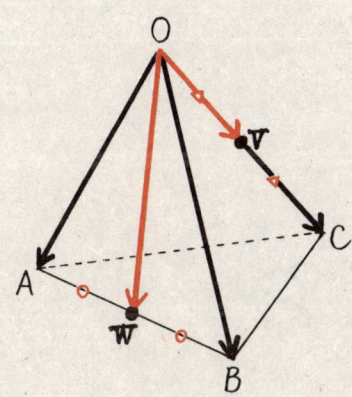

空間図形に関する応用問題　49

左図を考え，
$$\begin{cases}\overrightarrow{OV}=\dfrac{1}{2}\overrightarrow{OC}\\ \overrightarrow{OW}=\dfrac{1}{2}(\overrightarrow{OA}+\overrightarrow{OB})\end{cases}$$ ◀ Point1.6

がいえるので，
$$\overrightarrow{VW}=-\overrightarrow{OV}+\overrightarrow{OW}$$ ◀ Point1.9
$$=\dfrac{1}{2}(\overrightarrow{OA}+\overrightarrow{OB}-\overrightarrow{OC})\ \cdots\cdots\ ⓒ$$

よって，ⓑ'とⓒから ◀ $\overrightarrow{ST}=\dfrac{1}{2}(\overrightarrow{OA}-\overrightarrow{OB}+\overrightarrow{OC})\ \cdots\cdots\ ⓑ'$

$$\overrightarrow{ST}\cdot\overrightarrow{VW}=8\ \cdots\cdots\ ⑤$$
$$\Leftrightarrow\ \dfrac{1}{2}(\overrightarrow{OA}-\overrightarrow{OB}+\overrightarrow{OC})\cdot\dfrac{1}{2}(\overrightarrow{OA}+\overrightarrow{OB}-\overrightarrow{OC})=8$$
$$\Leftrightarrow\ (\overrightarrow{OA}-\overrightarrow{OB}+\overrightarrow{OC})\cdot(\overrightarrow{OA}+\overrightarrow{OB}-\overrightarrow{OC})=32\ \cdots\cdots\ ⑤'$$ ◀ 両辺に4を掛けて分母を払った

が得られた。

さらに，(2)を考え， ◀ Point 1.10

$(\overrightarrow{OA}-\overrightarrow{OB}+\overrightarrow{OC})\cdot(\overrightarrow{OA}+\overrightarrow{OB}-\overrightarrow{OC})=32\ \cdots\cdots\ ⑤'$ を

$⑤'\Leftrightarrow\ \{\overrightarrow{OA}+(-\overrightarrow{OB}+\overrightarrow{OC})\}\cdot\{\overrightarrow{OA}-(-\overrightarrow{OB}+\overrightarrow{OC})\}=32$
$\Leftrightarrow\ (\overrightarrow{OA}+\overrightarrow{BC})\cdot(\overrightarrow{OA}-\overrightarrow{BC})=32\ \cdots\cdots\ ⑤''$ ◀ Point 1.9

と変形してみる と，◀［解説Ⅱ］(P.58)を見よ！

$(\overrightarrow{OA}+\overrightarrow{BC})\cdot(\overrightarrow{OA}-\overrightarrow{BC})=32\ \cdots\cdots\ ⑤''$
$\Leftrightarrow\ |\overrightarrow{OA}|^2-|\overrightarrow{BC}|^2=32$ ◀ $(\vec{a}+\vec{b})\cdot(\vec{a}-\vec{b})=|\vec{a}|^2-|\vec{b}|^2$
$\Leftrightarrow\ OA^2-BC^2=32$ のようになり，◀ $|\overrightarrow{OA}|=OA,\ |\overrightarrow{BC}|=BC$

$BC=7\ \cdots\cdots\ ②$ より
$OA^2-7^2=32$ ◀ $OA^2-BC^2=32$ に $BC=7\ \cdots\cdots\ ②$ を代入した
$\Leftrightarrow\ OA^2=81$ ◀ $OA^2=32+7^2=32+49=\underline{81}$
$\therefore\ \mathbf{OA=9}$ が得られた！ ◀ とりあえずOAが求められた

$$\begin{cases} AB=5 \ \cdots\cdots ① & \blacktriangleleft (3)の(i)で使った \\ BC=7 \ \cdots\cdots ② & \blacktriangleleft OAを求めるときに使った \\ CA=8 \ \cdots\cdots ③ \\ \overrightarrow{PQ}\cdot\overrightarrow{ST}=6 \ \cdots\cdots ④ & \blacktriangleleft (3)の(i)で使った \\ \overrightarrow{ST}\cdot\overrightarrow{VW}=8 \ \cdots\cdots ⑤ & \blacktriangleleft OAを求めるときに使った \\ \overrightarrow{VW}\cdot\overrightarrow{PQ}=9 \ \cdots\cdots ⑥ \end{cases}$$

次に、まだ使っていない問題文の条件の
$\overrightarrow{VW}\cdot\overrightarrow{PQ}=9 \ \cdots\cdots ⑥$ について考えてみよう。

$$\begin{cases} \overrightarrow{VW}=\dfrac{1}{2}(\overrightarrow{OA}+\overrightarrow{OB}-\overrightarrow{OC}) \ \cdots\cdots ⓒ \\ \overrightarrow{PQ}=\dfrac{1}{2}(-\overrightarrow{OA}+\overrightarrow{OB}+\overrightarrow{OC}) \ \cdots\cdots ⓓ \end{cases} より$$

$\overrightarrow{VW}\cdot\overrightarrow{PQ}=9 \ \cdots\cdots ⑥$

$\Leftrightarrow \dfrac{1}{2}(\overrightarrow{OA}+\overrightarrow{OB}-\overrightarrow{OC})\cdot\dfrac{1}{2}(-\overrightarrow{OA}+\overrightarrow{OB}+\overrightarrow{OC})=9$

$\Leftrightarrow (\overrightarrow{OA}+\overrightarrow{OB}-\overrightarrow{OC})\cdot(-\overrightarrow{OA}+\overrightarrow{OB}+\overrightarrow{OC})=36 \ \cdots\cdots ⑥'$ ◀両辺に4を掛けて分母を払った

が得られ、
さらに、

⑤'と同様に、$(\overrightarrow{OA}+\overrightarrow{OB}-\overrightarrow{OC})\cdot(-\overrightarrow{OA}+\overrightarrow{OB}+\overrightarrow{OC})=36 \ \cdots\cdots ⑥'$ を

⑥' $\Leftrightarrow \{(-\overrightarrow{OC}+\overrightarrow{OA})+\overrightarrow{OB}\}\cdot\{-(-\overrightarrow{OC}+\overrightarrow{OA})+\overrightarrow{OB}\}=36$

$\Leftrightarrow (\overrightarrow{CA}+\overrightarrow{OB})\cdot(-\overrightarrow{CA}+\overrightarrow{OB})=36 \ \cdots\cdots ⑥''$ ◀Point1.9

と変形してみる と、 ◀[解説Ⅱ](P.58)を見よ！

$(\overrightarrow{CA}+\overrightarrow{OB})\cdot(-\overrightarrow{CA}+\overrightarrow{OB})=36 \ \cdots\cdots ⑥''$

$\Leftrightarrow -|\overrightarrow{CA}|^2+|\overrightarrow{OB}|^2=36$ ◀$(-\vec{a}+\vec{b})\cdot(\vec{a}+\vec{b})=-|\vec{a}|^2+|\vec{b}|^2$

$\Leftrightarrow -CA^2+OB^2=36$ のようになり、 ◀$|\overrightarrow{CA}|=CA,\ |\overrightarrow{OB}|=OB$

$CA=8 \ \cdots\cdots ③$ より

$-8^2+OB^2=36$ ◀$-CA^2+OB^2=36$ に $CA=8\cdots\cdots③$ を代入した

$\Leftrightarrow OB^2=100$ ◀$OB^2=36+8^2=36+64=\underline{100}$

∴ $OB=10$ が得られた！ ◀OBを求めることができた

以上より
$\begin{cases} OA = 9 \\ OB = 10 \\ AB = 5 \end{cases}$ が分かったので，

余弦定理 (P.47) より

$\cos \angle AOB = \dfrac{9^2 + 10^2 - 5^2}{2 \cdot 9 \cdot 10}$ ◀ 右図を見よ

$= \dfrac{81 + 100 - 25}{2 \cdot 9 \cdot 10}$

$= \dfrac{156}{2 \cdot 9 \cdot 10}$

$= \dfrac{13}{15}$ が求められた。 ◀ $\dfrac{156}{2 \cdot 9 \cdot 10} = \dfrac{4 \cdot 3 \cdot 13}{2 \cdot 9 \cdot 10} = \dfrac{13}{3 \cdot 5} = \dfrac{13}{15}$

[解答]

(1)

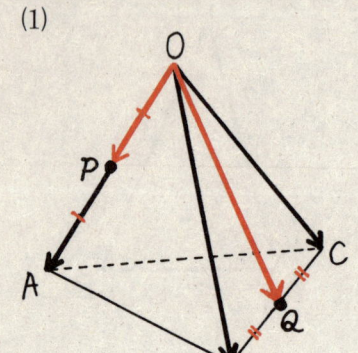

$\begin{cases} \overrightarrow{OP} = \dfrac{1}{2}\overrightarrow{OA} \\ \overrightarrow{OQ} = \dfrac{1}{2}(\overrightarrow{OB}+\overrightarrow{OC}) \end{cases}$ より， ◀ Point 1.6

$\overrightarrow{PQ} = -\overrightarrow{OP} + \overrightarrow{OQ}$ ◀ Point 1.9

$= -\dfrac{1}{2}\overrightarrow{OA} + \dfrac{1}{2}(\overrightarrow{OB}+\overrightarrow{OC})$

$= \dfrac{1}{2}(-\overrightarrow{OA}+\overrightarrow{OB}+\overrightarrow{OC})$ ……ⓐ

(2)

$\begin{cases} \overrightarrow{OS} = \dfrac{1}{2}\overrightarrow{OB} \\ \overrightarrow{OT} = \dfrac{1}{2}(\overrightarrow{OA}+\overrightarrow{OC}) \end{cases}$ より， ◀ Point 1.6

$\overrightarrow{ST} = -\overrightarrow{OS} + \overrightarrow{OT}$ ◀ Point 1.9

$= -\dfrac{1}{2}\overrightarrow{OB} + \dfrac{1}{2}(\overrightarrow{OA}+\overrightarrow{OC})$

$= \dfrac{1}{2}(\overrightarrow{OA}-\overrightarrow{OB}+\overrightarrow{OC})$ ……ⓑ

ここで，

$\begin{cases} \overrightarrow{PQ} = \dfrac{1}{2}(-\overrightarrow{OA}+\overrightarrow{OB}+\overrightarrow{OC}) \cdots\cdots ⓐ \\ \qquad = \dfrac{1}{2}(\overrightarrow{AB}+\overrightarrow{OC}) \cdots\cdots ⓐ' \quad ◀ Point 1.9 \\ \overrightarrow{ST} = \dfrac{1}{2}(\overrightarrow{OA}-\overrightarrow{OB}+\overrightarrow{OC}) \cdots\cdots ⓑ \\ \qquad = \dfrac{1}{2}\{-(-\overrightarrow{OA}+\overrightarrow{OB})+\overrightarrow{OC}\} \quad ◀ -でくくって $-\overrightarrow{OA}+\overrightarrow{OB}$ をつくった \\ \qquad = \dfrac{1}{2}(-\overrightarrow{AB}+\overrightarrow{OC}) \cdots\cdots ⓑ' \text{ を考え，} \quad ◀ Point 1.9 \end{cases}$

$$\vec{PQ}\cdot\vec{ST} = \frac{1}{2}(\vec{AB}+\vec{OC})\cdot\frac{1}{2}(-\vec{AB}+\vec{OC})$$

$$= \frac{1}{4}(-|\vec{AB}|^2+|\vec{OC}|^2) \quad \blacktriangleleft (\vec{a}+\vec{b})\cdot(-\vec{a}+\vec{b})=-|\vec{a}|^2+|\vec{b}|^2$$

$$\underline{\underline{= -\frac{1}{4}AB^2+\frac{1}{4}OC^2}} \quad \blacktriangleleft |\vec{AB}|=AB, |\vec{OC}|=OC$$

(3)(i) $\begin{cases} AB=5 & \cdots\cdots ① \\ BC=7 & \cdots\cdots ② \\ CA=8 & \cdots\cdots ③ \\ \vec{PQ}\cdot\vec{ST}=6 & \cdots\cdots ④ \\ \vec{ST}\cdot\vec{VW}=8 & \cdots\cdots ⑤ \\ \vec{VW}\cdot\vec{PQ}=9 & \cdots\cdots ⑥ \end{cases}$

$\boxed{\text{(2)の } \vec{PQ}\cdot\vec{ST}=-\frac{1}{4}AB^2+\frac{1}{4}OC^2 \text{ に①と④を代入する}}$ と， ◀OCを求める

$6 = -\frac{1}{4}\cdot 5^2 + \frac{1}{4}OC^2$ ◀OCだけの式！

$\Leftrightarrow 24 = -25 + OC^2$ ◀両辺に4を掛けて分母を払った

$\Leftrightarrow OC^2 = 49$

$\therefore \underline{\underline{OC=7}}$ ◀OCが求められた！

(ii)

$$\begin{cases} \overrightarrow{OV} = \dfrac{1}{2}\overrightarrow{OC} \\ \overrightarrow{OW} = \dfrac{1}{2}(\overrightarrow{OA}+\overrightarrow{OB}) \end{cases} \text{より,} \blacktriangleleft \text{Point 1.6}$$

$$\overrightarrow{VW} = -\overrightarrow{OV} + \overrightarrow{OW} \quad \blacktriangleleft \text{Point 1.9}$$

$$= -\dfrac{1}{2}\overrightarrow{OC} + \dfrac{1}{2}(\overrightarrow{OA}+\overrightarrow{OB})$$

$$= \dfrac{1}{2}(\overrightarrow{OA}+\overrightarrow{OB}-\overrightarrow{OC}) \cdots\cdots ⓒ$$

ここで,

$$\begin{cases} \overrightarrow{ST} = \dfrac{1}{2}(\overrightarrow{OA}-\overrightarrow{OB}+\overrightarrow{OC}) \cdots\cdots ⓑ \\ \qquad = \dfrac{1}{2}(\overrightarrow{OA}+\overrightarrow{BC}) \cdots\cdots ⓑ'' \quad \blacktriangleleft \text{Point 1.9} \\ \overrightarrow{VW} = \dfrac{1}{2}(\overrightarrow{OA}+\overrightarrow{OB}-\overrightarrow{OC}) \cdots\cdots ⓒ \\ \qquad = \dfrac{1}{2}\{\overrightarrow{OA}-(-\overrightarrow{OB}+\overrightarrow{OC})\} \quad \blacktriangleleft \text{-でくくって} -\overrightarrow{OB}+\overrightarrow{OC} \text{をつくった} \\ \qquad = \dfrac{1}{2}(\overrightarrow{OA}-\overrightarrow{BC}) \cdots\cdots ⓒ' \text{を考え,} \quad \blacktriangleleft \text{Point 1.9} \end{cases}$$

$$\overrightarrow{ST}\cdot\overrightarrow{VW} = 8 \cdots\cdots ⑤$$

$\Leftrightarrow \dfrac{1}{2}(\overrightarrow{OA}+\overrightarrow{BC})\cdot\dfrac{1}{2}(\overrightarrow{OA}-\overrightarrow{BC}) = 8$ ◀ ⓑ''とⓒ'を代入した

$\Leftrightarrow \dfrac{1}{4}(|\overrightarrow{OA}|^2-|\overrightarrow{BC}|^2) = 8$ ◀ $(\vec{a}+\vec{b})\cdot(\vec{a}-\vec{b}) = |\vec{a}|^2-|\vec{b}|^2$

$\Leftrightarrow OA^2-BC^2 = 32$ ◀ 両辺に4を掛けて分母を払った

$\Leftrightarrow OA^2-7^2 = 32$ ◀ $BC=7\cdots\cdots②$を代入した

$\Leftrightarrow OA^2 = 81$ ◀ $OA^2 = 32+7^2 = 32+49 = 81$

$\therefore \mathbf{OA = 9} \cdots\cdots Ⓐ$ ◀ OAが求められた!

同様に，

$$\begin{cases} \vec{VW} = \frac{1}{2}(\vec{OA}+\vec{OB}-\vec{OC}) \cdots ⓒ \\ \quad\quad = \frac{1}{2}(\vec{CA}+\vec{OB}) \cdots ⓒ'' \quad \blacktriangleleft \text{Point 1.9} \\ \vec{PQ} = \frac{1}{2}(-\vec{OA}+\vec{OB}+\vec{OC}) \cdots ⓓ \\ \quad\quad = \frac{1}{2}\{-(-\vec{OC}+\vec{OA})+\vec{OB}\} \quad \blacktriangleleft -\text{でくくって}-\vec{OC}+\vec{OA}\text{をつくった} \\ \quad\quad = \frac{1}{2}(-\vec{CA}+\vec{OB}) \cdots ⓓ'' \text{を考え，} \quad \blacktriangleleft \text{Point 1.9} \end{cases}$$

$\vec{VW} \cdot \vec{PQ} = 9 \cdots ⑥$

$\Leftrightarrow \frac{1}{2}(\vec{CA}+\vec{OB}) \cdot \frac{1}{2}(-\vec{CA}+\vec{OB}) = 9$ ◀ ⓒ''とⓓ''を代入した

$\Leftrightarrow \frac{1}{4}(-|\vec{CA}|^2+|\vec{OB}|^2) = 9$ ◀ $(\vec{a}+\vec{b})\cdot(-\vec{a}+\vec{b}) = -|\vec{a}|^2+|\vec{b}|^2$

$\Leftrightarrow -CA^2+OB^2 = 36$ ◀ 両辺に4を掛けて分母を払った

$\Leftrightarrow -8^2+OB^2 = 36$ ◀ CA=8 …③ を代入した

$\Leftrightarrow OB^2 = 100$ ◀ $OB^2 = 36+8^2 = 36+64 = \underline{100}$

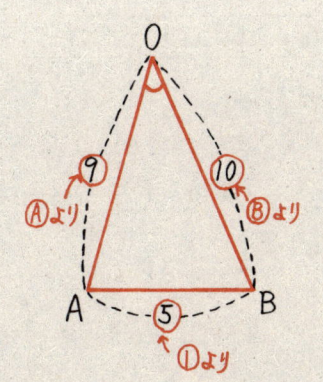

$\therefore \underline{\underline{OB = 10}} \cdots ⑧$ ◀ OBが求められた！

以上より
左図が得られるので，

$\cos\angle AOB = \frac{9^2+10^2-5^2}{2\cdot 9\cdot 10}$ ◀ 余弦定理！

$= \frac{156}{2\cdot 9\cdot 10}$ ◀ $81+100-25 = 156$

$= \underline{\underline{\frac{13}{15}}}$ ◀ $\frac{4\cdot 3\cdot 13}{2\cdot 9\cdot 10} = \frac{13}{3\cdot 5} = \frac{13}{15}$

[解説 I] 出題者の意図について（総合演習1の構造について）

> (1) $\overrightarrow{PQ}$ を $\overrightarrow{OA}$ と $\overrightarrow{OB}$ と $\overrightarrow{OC}$ を使って表せ。
> (2) $\overrightarrow{PQ}\cdot\overrightarrow{ST}$ を AB^2 と OC^2 を使って表せ。
> (3)(i) $\overrightarrow{PQ}\cdot\overrightarrow{ST}=6$, $AB=5$ のとき，OC を求めよ。

なぜ(1)で「$\overrightarrow{PQ}$ を $\overrightarrow{OA}$ と $\overrightarrow{OB}$ と $\overrightarrow{OC}$ を使って表せ。」といっているのか？

▶ まず，(2)では，$\overrightarrow{PQ}\cdot\overrightarrow{ST}$ を AB^2 と OC^2 を使って表さなければならないよね。
$\overrightarrow{PQ}\cdot\overrightarrow{ST}$ を AB^2 と OC^2 を使って表すためには，とりあえず，$\overrightarrow{PQ}$ と $\overrightarrow{ST}$ をそれぞれ $\overrightarrow{OA}$ と $\overrightarrow{OB}$ と $\overrightarrow{OC}$ を使って表してみると見通しがいいんだ。
そこで，出題者は，(2)の準備として，(1)で
「とりあえず $\overrightarrow{PQ}$ の方を $\overrightarrow{OA}$ と $\overrightarrow{OB}$ と $\overrightarrow{OC}$ で表してごらん」といっているんだ。

また，僕らはこの(1)のヒントがあったから，(2)で
「$\overrightarrow{PQ}\cdot\overrightarrow{ST}$ を AB^2 と OC^2 を使って表すためには，とりあえず
(1)と同じように，(残りの) $\overrightarrow{ST}$ を $\overrightarrow{OA}$ と $\overrightarrow{OB}$ と $\overrightarrow{OC}$ で表せばいいんだな」と
すぐに(2)の方針が分かったんだ。

なぜ(2)で「$\overrightarrow{PQ}\cdot\overrightarrow{ST}$ を AB^2 と OC^2 を使って表せ。」といっているのか？

▶ (3)で $\overrightarrow{PQ}\cdot\overrightarrow{ST}$ と AB の値が分かるので，
$\overrightarrow{PQ}\cdot\overrightarrow{ST}$ と AB と OC の関係式があれば OC を求めることができるよね。
そこで，出題者は，OC が求められるようにするための準備として，(2)で
「$\overrightarrow{PQ}\cdot\overrightarrow{ST}$ と AB と OC の関係式を求めてごらん」といっているんだ。

つまり，
> 出題者は，(1)と(2)と(3)(i)を通して
> 「OC は(1)→(2)→(3)(i)のような流れで求めることができる」
> ということを教えてくれている んだよ。

実は，出題者が (1)〜(3)(i) で OC の求め方を確認させたのは，
「OA と OB は OC と全く同じ方法で求めることができるから
OA と OB を(1)〜(3)(i)にならって求めてごらん」といいたいから
なんだよ。

つまり，この問題を"ものすごく親切な誘導問題"に書き直すと，

(3) (i) $\vec{PQ}\cdot\vec{ST}=6$, $AB=5$ のとき，OC を求めよ。
　　(ii) $\vec{ST}\cdot\vec{VW}=8$, $BC=7$ のとき，OA を求めよ。
　　(iii) $\vec{VW}\cdot\vec{PQ}=9$, $CA=8$ のとき，OB を求めよ。
　　(iv) $\cos\angle AOB$ を求めよ。

のようになるんだ。

だけど，これだったら，**Point 1.10** を考え，
「OA と OB は OC と同じように求めることができるんだろうなぁ」と
簡単に予想できてしまうよね。

だから，ここまで親切な問題にすると簡単すぎる問題になってしまって
試験にならないので，あえて問題文に(ii)と(iii)は入れてないんだ。

つまり，(ii)と(iii)がなくても，僕らは出題者の意図をくみとって
「OA と OB は OC と同じように(1)➡(2)➡(3)(i)のような流れで求める
ことができる」ということを見抜かないといけないんだ。

[解説Ⅱ] $(\vec{OA}-\vec{OB}+\vec{OC})\cdot(\vec{OA}+\vec{OB}-\vec{OC})=32$ ……⑤′
$\Leftrightarrow (\vec{OA}+\vec{BC})\cdot(\vec{OA}-\vec{BC})=32$ ……⑤″ の変形について

(2)では
$$\vec{PQ}\cdot\vec{ST}=\frac{1}{4}(-\vec{OA}+\vec{OB}+\vec{OC})\cdot(\vec{OA}-\vec{OB}+\vec{OC})$$ を

そのまま展開するのではなく，

$$\vec{PQ}\cdot\vec{ST}=\frac{1}{4}\{(-\vec{OA}+\vec{OB})+\vec{OC}\}\cdot\{-(-\vec{OA}+\vec{OB})+\vec{OC}\}$$
$$\Leftrightarrow \vec{PQ}\cdot\vec{ST}=\frac{1}{4}(\vec{AB}+\vec{OC})\cdot(-\vec{AB}+\vec{OC})$$ ◀ $-\vec{OA}+\vec{OB}=\vec{AB}$ (Point 1.9)

のように書き直した後で展開したよね。

そうすると，

$$\vec{PQ}\cdot\vec{ST}=\frac{1}{4}(\vec{AB}+\vec{OC})\cdot(-\vec{AB}+\vec{OC})$$
$$\Leftrightarrow \vec{PQ}\cdot\vec{ST}=\frac{1}{4}(-AB^2+OC^2)$$ ◀ $\vec{PQ}\cdot\vec{ST}=\frac{1}{4}(-|\vec{AB}|^2+|\vec{OC}|^2)$

のように簡単に展開ができ，
しかも(3)の $AB=5$ ……① という条件が使える形になった！

このような"(2)でやった発想"を踏まえて ◀ Point 1.10
$(\vec{OA}-\vec{OB}+\vec{OC})\cdot(\vec{OA}+\vec{OB}-\vec{OC})=32$ ……⑤′ ◀ $\vec{ST}\cdot\vec{VW}=8$ ……⑤
について考えてみよう。

まず，
$$(\vec{OA}-\vec{OB}+\vec{OC})\cdot(\vec{OA}+\vec{OB}-\vec{OC})=32 \quad \cdots\cdots \text{⑤}'$$ を
そのまま展開するのではなく，

$$\{\vec{OA}+(-\vec{OB}+\vec{OC})\}\cdot\{\vec{OA}-(-\vec{OB}+\vec{OC})\}=32$$
$$\Leftrightarrow (\vec{OA}+\vec{BC})\cdot(\vec{OA}-\vec{BC})=32 \quad \blacktriangleleft -\vec{OB}+\vec{OC}=\vec{BC}\ (\text{Point 1.9})$$

のように書き直した後で展開してみると，

$$(\vec{OA}+\vec{BC})\cdot(\vec{OA}-\vec{BC})=32$$
$$\Leftrightarrow OA^2-BC^2=32 \quad \blacktriangleleft |\vec{OA}|^2-|\vec{BC}|^2=32$$

のように簡単に展開ができ，
しかも(3)の $BC=7 \quad \cdots\cdots \text{②}$ という条件が使える形の式になった！

よって，
$$OA^2-BC^2=32$$
$$\Leftrightarrow OA^2-7^2=32 \quad \blacktriangleleft BC=7 \cdots\cdots \text{②を代入した}$$
$$\Leftrightarrow OA^2=81 \quad \blacktriangleleft OA^2=32+7^2=32+49=\underline{81}$$
$$\therefore \mathbf{OA=9}$$ のように簡単に OA を求めることができた！

同様に
$(\vec{OA}+\vec{OB}-\vec{OC})\cdot(-\vec{OA}+\vec{OB}+\vec{OC})=36$ …… ⑥′ ◀ $\vec{VW}\cdot\vec{PQ}=9$ ……⑥
についても考えてみよう。

まず，
$$(\vec{OA}+\vec{OB}-\vec{OC})\cdot(-\vec{OA}+\vec{OB}+\vec{OC})=36 \text{ …… ⑥′}$$
をそのまま展開するのではなく，

$\{(-\vec{OC}+\vec{OA})+\vec{OB}\}\cdot\{-(-\vec{OC}+\vec{OA})+\vec{OB}\}=36$
$\Leftrightarrow (\vec{CA}+\vec{OB})\cdot(-\vec{CA}+\vec{OB})=36$ ◀ $-\vec{OC}+\vec{OA}=\vec{CA}$ (Point 1.9)

のように書き直した後で展開してみると，

$(\vec{CA}+\vec{OB})\cdot(-\vec{CA}+\vec{OB})=36$
$\Leftrightarrow -CA^2+OB^2=36$ ◀ $-|\vec{CA}|^2+|\vec{OB}|^2=36$

のように簡単に展開ができ，
しかも(3)の $CA=8$ …… ③ という条件が使える形の式になった！

よって，
$-CA^2+OB^2=36$
$\Leftrightarrow -8^2+OB^2=36$ ◀ $CA=8$ ……③を代入した
$\Leftrightarrow OB^2=100$ ◀ $OB^2=36+8^2=36+64=100$
$\therefore$ **OB=10** のように簡単に OB を求めることができた！

総合演習 2

一辺の長さが1の正四面体 ABCD がある。
辺 CD を $1:2$ に内分する点を E とし，辺 AD 上に任意の点 F をとり，線分 AE と線分 CF の交点を G とする。$AF:AD = m:1$ とおくとき，
(1) $\overrightarrow{AG}$ を $\overrightarrow{AC}$, $\overrightarrow{AD}$, m を用いて表せ。
(2) GB の長さが最短となるときの m の値とそのときの GB の長さを求めよ。
　　　　　　　　　　　　　　　　　　　　　　　　　　　[日大]

[考え方]

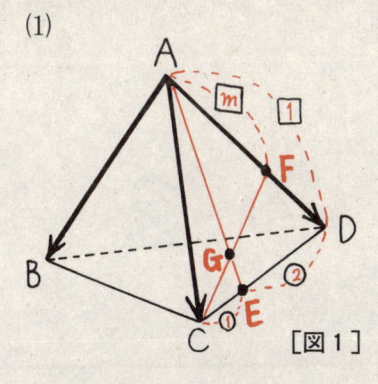

(1)

[図1]

まず，
「辺 CD を $1:2$ に内分する点を E とし，辺 AD 上に任意に点 F をとり，線分 AE と線分 CF の交点を G とし，$AF:AD = m:1$ とする」
を図示すると [図1] のようになる。

Point 4.1 を考え，
$\overrightarrow{AG}$ を求めるためには $\overrightarrow{AG}$ を2通りの形で表せばいい よね。

$\overrightarrow{AG}$ の1通りの表し方について

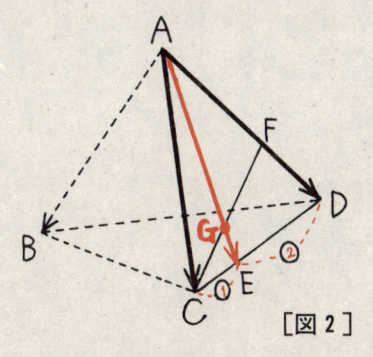

とりあえず，
($\overrightarrow{AG}$ と同じ方向の) $\overrightarrow{AE}$ だったら簡単に $\overrightarrow{AC}$ と $\overrightarrow{AD}$ で表すことができるよね。

点 E は辺 CD を $1:2$ に内分する点なので
$\overrightarrow{AE} = \dfrac{1}{1+2}(2\overrightarrow{AC} + \overrightarrow{AD})$ ◀ Point 1.5
$= \dfrac{1}{3}(2\overrightarrow{AC} + \overrightarrow{AD})$ がいえる。

[図2]

[図3]

そこで、
3点 A, G, E は同一直線上にあるので
$\overrightarrow{AG} = l\overrightarrow{AE}$ ◀ Point 1.16
$= \dfrac{1}{3}(2\overrightarrow{AC} + \overrightarrow{AD})$ ◀ $\overrightarrow{AE} = \dfrac{1}{3}(2\overrightarrow{AC} + \overrightarrow{AD})$ を代入した
とおけるよね。

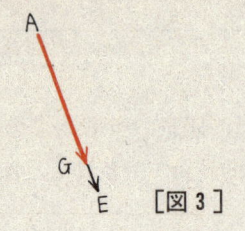

さらに、$\dfrac{l}{3}$ は考えにくいので ◀ 分数は計算が汚くなり面倒くさい！

$\boxed{\dfrac{l}{3} を k とおく}$ と、 ◀ 式を見やすくする

$\overrightarrow{AG} = k(2\overrightarrow{AC} + \overrightarrow{AD})$ ……①
　　　$= 2k\overrightarrow{AC} + k\overrightarrow{AD}$ ……①′ ◀ 展開した
が得られる。 ◀ とりあえず $\overrightarrow{AG}$ を1通りの形で表すことができた！

$\boxed{\overrightarrow{AG} \text{ のもう1通りの表し方について}}$

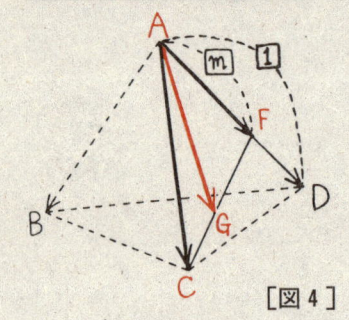

次に、左図のような、
$\overrightarrow{AG}$ が含まれている △ACF に
着目してみよう。

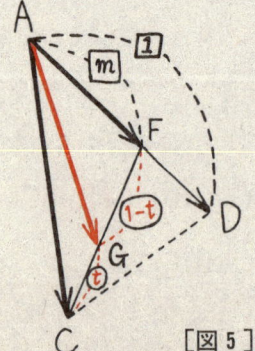

[図4]

まず、
CG：GF が分からないので
Point 1.15（線分の比の置き方）
に従って、左図のように
$\boxed{\text{CG：GF} = t : 1-t \text{ とおこう。}}$

[図5]

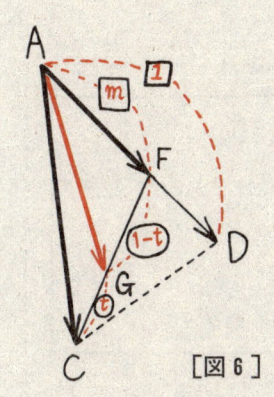

すると，

Point 1.5（内分の公式）より

$$\vec{AG} = (1-t)\vec{AC} + t\vec{AF}$$
$$= (1-t)\vec{AC} + t \cdot m\vec{AD} \quad \cdots\cdots ②$$

◀左図を見よ

◀$\vec{AF} = m\vec{AD}$

が得られる。 ◀$\vec{AG}$をもう1通りの形で表すことができた！

[図6]

よって，①'と②から，$\vec{AG} = \vec{AG}$ を考え

$$2k\vec{AC} + k\vec{AD} = (1-t)\vec{AC} + tm\vec{AD} \quad \cdots\cdots (\bigstar)$$

が得られるよね。

さらに，**Point 1.13** を考え，($\bigstar$) から

$$\begin{cases} 2k = 1-t \quad \cdots\cdots ⓐ \\ k = tm \quad \cdots\cdots ⓑ \end{cases}$$

◀（$\vec{AC}$の係数）=（$\vec{AC}$の係数）
◀（$\vec{AD}$の係数）=（$\vec{AD}$の係数）

がいえる。

あとはⓐとⓑから k または t を求めればいいよね。

そこで，

t を消去するために $\boxed{m \times ⓐ + ⓑ}$ を考えると，

◀$\begin{cases} 2mk = m - tm \cdots\cdots m \times ⓐ \\ k = tm \cdots\cdots ⓑ \end{cases}$

$2mk + k = m$ ◀t が消えた！

$\Leftrightarrow (2m+1)k = m$ ◀k でくくった

$\Leftrightarrow k = \dfrac{m}{2m+1}$ のように k を求めることができた！

よって，

$\vec{AG} = k(2\vec{AC} + \vec{AD}) \quad \cdots\cdots ①'$ を考え

$\vec{AG} = \dfrac{m}{2m+1}(2\vec{AC} + \vec{AD})$ が得られた。 ◀①'に $k = \dfrac{m}{2m+1}$ を代入した

(2) まず，(2)の準備として次の **補題** をやってごらん。

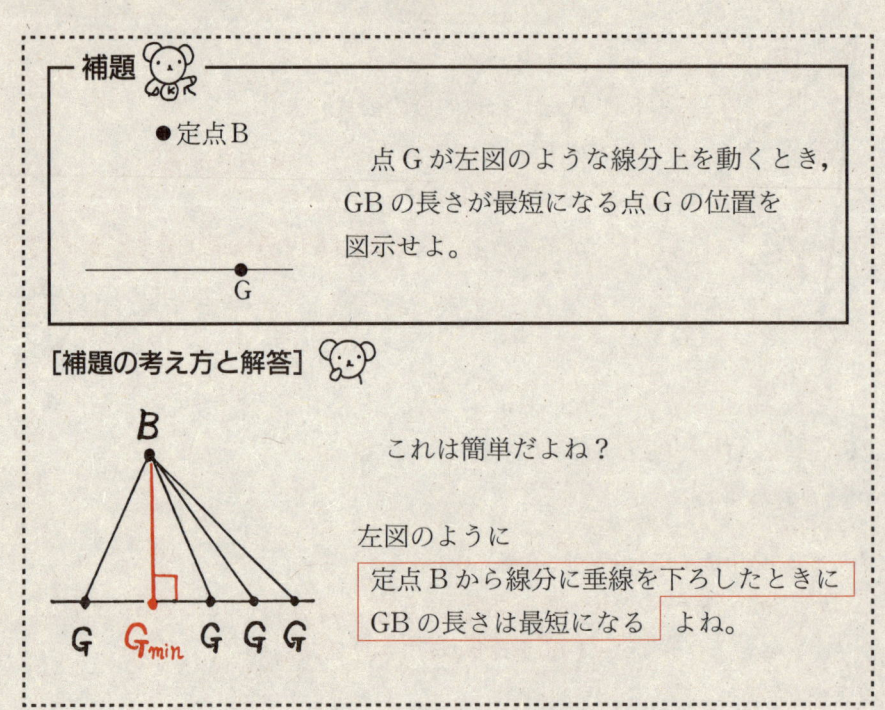

補題

● 定点 B

点 G が左図のような線分上を動くとき，GB の長さが最短になる点 G の位置を図示せよ。

―――――G―――――

［補題の考え方と解答］

これは簡単だよね？

左図のように

定点 B から線分に垂線を下ろしたときに GB の長さは最短になる よね。

実は，この問題はこの **補題** さえ分かればもう解けたようなものなのである。

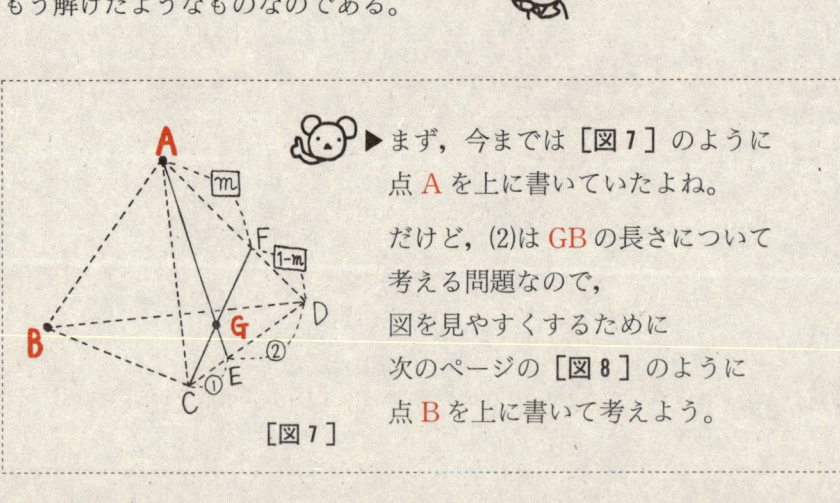

▶ まず，今までは［図7］のように点 A を上に書いていたよね。

だけど，(2)は GB の長さについて考える問題なので，図を見やすくするために次のページの［図8］のように点 B を上に書いて考えよう。

［図7］

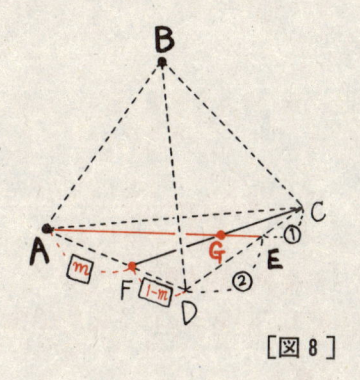

[図 8] のように
3 点 F, G, C は同一直線上にあるので,

(m が変化することによって)
点 F が線分 AD 上を動くと
点 G も線分 AE 上を動くよね。

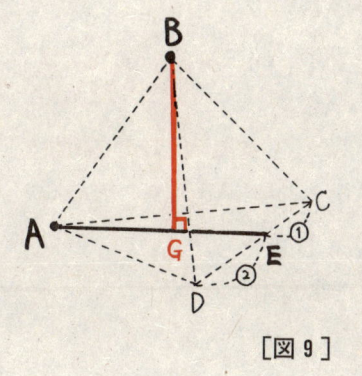

[図 8]

つまり, [図 8] のように
点 G は線分 AE 上の動点なので,

補題 を考え,
[図 9] のときに GB の長さが最短になる
ことが分かるよね。

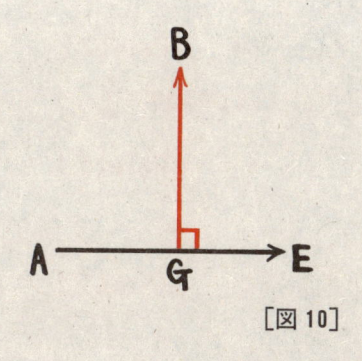

[図 9]

さらに, [図 9] より,

> GB の長さが最短になるとき
> $\overrightarrow{AE}$ と $\overrightarrow{GB}$ が垂直になっている

ことが分かるよね。 ◀ [図10] を見よ

[図 10]

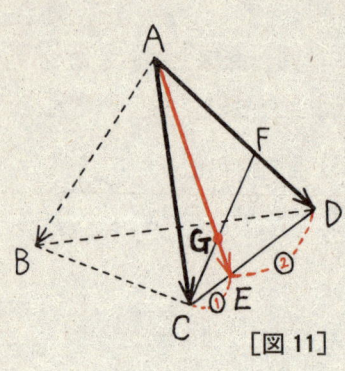

よって，**Point 2.2** より

$\vec{AE} \cdot \vec{GB} = 0$ ……③

がいえるので，

$$\begin{cases} \vec{AE} = \dfrac{1}{3}(2\vec{AC} + \vec{AD}) & \blacktriangleleft \text{Point 1.5} \\ \vec{GB} = -\vec{AG} + \vec{AB} & \blacktriangleleft \text{Point 1.9} \\ \qquad = -\dfrac{m}{2m+1}(2\vec{AC} + \vec{AD}) + \vec{AB} & \blacktriangleleft \text{(1)の結果を使った!} \end{cases}$$

を考え， ◀ [図11]を見よ

$\vec{AE} \cdot \vec{GB} = 0$ ……③

$\Leftrightarrow \dfrac{1}{3}(2\vec{AC} + \vec{AD}) \cdot \left\{-\dfrac{m}{2m+1}(2\vec{AC} + \vec{AD}) + \vec{AB}\right\} = 0$

$\Leftrightarrow (2\vec{AC} + \vec{AD}) \cdot \{-2m\vec{AC} - m\vec{AD} + (2m+1)\vec{AB}\} = 0$ ◀ 両辺に3(2m+1)を掛けて分母を払った

$\Leftrightarrow -4m|\vec{AC}|^2 - 2m\vec{AC} \cdot \vec{AD} + 2(2m+1)\vec{AB} \cdot \vec{AC}$
$\quad -2m\vec{AC} \cdot \vec{AD} - m|\vec{AD}|^2 + (2m+1)\vec{AB} \cdot \vec{AD} = 0$ ◀ Point 2.7を使って展開した

$\Leftrightarrow -4m|\vec{AC}|^2 - 4m\vec{AC} \cdot \vec{AD} + 2(2m+1)\vec{AB} \cdot \vec{AC} - m|\vec{AD}|^2 + (2m+1)\vec{AB} \cdot \vec{AD} = 0$ ……③′

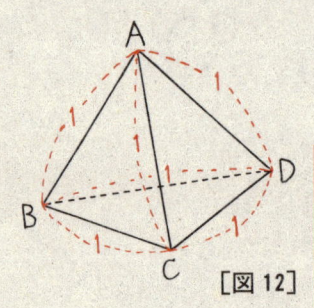

ここで，四面体 ABCD は一辺の長さが1の正四面体なので，すべての面は一辺の長さが1の正三角形であることを考え，

$$\begin{cases} |\vec{AB}| = |\vec{AC}| = |\vec{AD}| = 1 \\ \vec{AB} \cdot \vec{AC} = |\vec{AB}||\vec{AC}|\cos 60° & \blacktriangleleft \text{Point 2.1} \\ \qquad = 1 \cdot 1 \cdot \dfrac{1}{2} = \dfrac{1}{2} & \blacktriangleleft \cos 60° = \dfrac{1}{2} \\ \vec{AB} \cdot \vec{AD} = |\vec{AB}||\vec{AD}|\cos 60° & \blacktriangleleft \text{Point 2.1} \\ \qquad = 1 \cdot 1 \cdot \dfrac{1}{2} = \dfrac{1}{2} \\ \vec{AC} \cdot \vec{AD} = |\vec{AC}||\vec{AD}|\cos 60° & \blacktriangleleft \text{Point 2.1} \\ \qquad = 1 \cdot 1 \cdot \dfrac{1}{2} = \dfrac{1}{2} \end{cases}$$ ……(*)

がいえるよね。

[図11]

[図12]

よって，
$$-4m|\vec{AC}|^2-4m\vec{AC}\cdot\vec{AD}+2(2m+1)\vec{AB}\cdot\vec{AC}-m|\vec{AD}|^2+(2m+1)\vec{AB}\cdot\vec{AD}=0 \quad \cdots\cdots ③'$$

$\Leftrightarrow -4m\cdot1^2-4m\cdot\dfrac{1}{2}+2(2m+1)\dfrac{1}{2}-m\cdot1^2+(2m+1)\dfrac{1}{2}=0$ ◀(※)を代入した

$\Leftrightarrow -4m-2m+(2m+1)-m+\left(m+\dfrac{1}{2}\right)=0$ ◀展開した

$\Leftrightarrow 4m=\dfrac{3}{2}$ ◀整理した

$\therefore m=\dfrac{3}{8}$ ◀mを求めることができた！

また，GBの長さが最短となるときの$\vec{GB}$は，
$\vec{GB}=-\dfrac{m}{2m+1}(2\vec{AC}+\vec{AD})+\vec{AB}$ より

$\vec{GB}=-\dfrac{\dfrac{3}{8}}{2\cdot\dfrac{3}{8}+1}(2\vec{AC}+\vec{AD})+\vec{AB}$ ◀$m=\dfrac{3}{8}$を代入した

$=-\dfrac{3}{6+8}(2\vec{AC}+\vec{AD})+\vec{AB}$ ◀分母分子に8を掛けた

$=-\dfrac{3}{14}(2\vec{AC}+\vec{AD})+\vec{AB}$ ◀整理した

$=-\dfrac{3}{14}(2\vec{AC}+\vec{AD})+\dfrac{14}{14}\vec{AB}$

$=\dfrac{1}{14}(14\vec{AB}-6\vec{AC}-3\vec{AD})$ ……④ ◀$\dfrac{1}{14}$でくくった

のようになることが分かった。

あとは，
GB $[=|\vec{GB}|]$ が最短となるときの長さを求めなければならないので，
$\vec{GB}=\dfrac{1}{14}(14\vec{AB}-6\vec{AC}-3\vec{AD})$ ……④ を考え，以下
$|\vec{GB}|=\dfrac{1}{14}|14\vec{AB}-6\vec{AC}-3\vec{AD}|$ ……④' の値を求めよう。

$|14\overrightarrow{AB}-6\overrightarrow{AC}-3\overrightarrow{AD}|^2$ ◀ $|14\overrightarrow{AB}-6\overrightarrow{AC}-3\overrightarrow{AD}|$ のままでは計算ができないので2乗した！

$=(14)^2|\overrightarrow{AB}|^2+(-6)^2|\overrightarrow{AC}|^2+(-3)^2|\overrightarrow{AD}|^2$ ◀ $(a+b+c)^2=a^2+b^2+c^2+2(ab+bc+ca)$

$\quad+2\{14(-6)\overrightarrow{AB}\cdot\overrightarrow{AC}+14(-3)\overrightarrow{AB}\cdot\overrightarrow{AD}+(-6)(-3)\overrightarrow{AC}\cdot\overrightarrow{AD}\}$

$=196\cdot1^2+36\cdot1^2+9\cdot1^2+2\left(-84\cdot\dfrac{1}{2}-42\cdot\dfrac{1}{2}+18\cdot\dfrac{1}{2}\right)$ ◀ (※)を代入した

$=196+36+9-84-42+18$

$=133$ より

$|14\overrightarrow{AB}-6\overrightarrow{AC}-3\overrightarrow{AD}|=\sqrt{133}$ がいえるので，

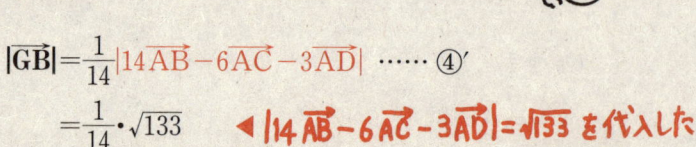

$|\overrightarrow{GB}|=\dfrac{1}{14}|14\overrightarrow{AB}-6\overrightarrow{AC}-3\overrightarrow{AD}|$ ……④′

$\quad=\dfrac{1}{14}\cdot\sqrt{133}$ ◀ $|14\overrightarrow{AB}-6\overrightarrow{AC}-3\overrightarrow{AD}|=\sqrt{133}$ を代入した

$\quad=\dfrac{\sqrt{133}}{14}$ ◀ $|\overrightarrow{GB}|$ を求めることができた！

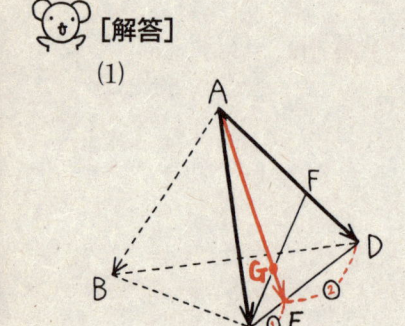

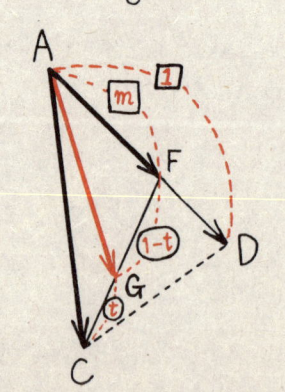

[解答]

(1) 左図より

$\overrightarrow{AE}=\dfrac{1}{3}(2\overrightarrow{AC}+\overrightarrow{AD})$ ◀ Point 1.5

がいえるので，

3点 A，G，E が同一直線上にある
ことを考え，
$\overrightarrow{AG}=k(2\overrightarrow{AC}+\overrightarrow{AD})$ ……①
とおける。 ◀ Point 1.16 　　◀ [考え方]参照

また，
$CG:GF=t:1-t$ とおく と， ◀ Point 1.15

$\overrightarrow{AG}=(1-t)\overrightarrow{AC}+t\overrightarrow{AF}$ ◀ Point 1.5

$\quad=(1-t)\overrightarrow{AC}+tm\overrightarrow{AD}$ ……② ◀ $\overrightarrow{AF}=m\overrightarrow{AD}$

がいえる。

よって，①と②から，$\vec{AG} = \vec{AG}$ を考え
$2k\vec{AC} + k\vec{AD} = (1-t)\vec{AC} + tm\vec{AD}$ ……（★）
が得られる。
さらに，

$\vec{AC}$ と $\vec{AD}$ は1次独立であることを考え，(★)から
$\begin{cases} 2k = 1-t \cdots\cdots ⓐ \\ k = tm \cdots\cdots ⓑ \end{cases}$ ◀($\vec{AC}$の係数)=($\vec{AC}$の係数)
◀($\vec{AD}$の係数)=($\vec{AD}$の係数)
がいえる。 ◀ Point 1.13

ここで，
$m × ⓐ + ⓑ$ から ◀ tを消去してkを求める！
$\quad 2mk + k = m$ ◀ tが消えた！
$⇔ (2m+1)k = m$ ◀ kでくくった
$⇔ k = \dfrac{m}{2m+1}$ が得られるので， ◀ kについて解いた

$\vec{AG} = k(2\vec{AC} + \vec{AD})$ ……① より
$\vec{AG} = \dfrac{m}{2m+1}(2\vec{AC} + \vec{AD})$ ◀ ①に $k = \dfrac{m}{2m+1}$ を代入した //

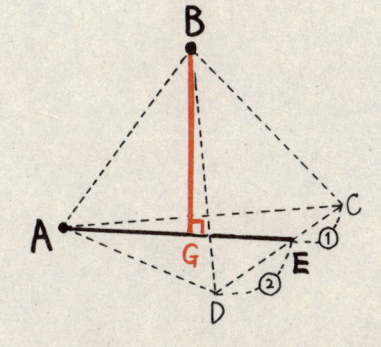

(2)

左図のように
点Bから線分AEに垂線を下ろした ときにGBの長さは最短になる ので，
$\vec{AE} \cdot \vec{GB} = 0$ ……③ ◀ Point 2.2
がいえる。 ◀ 左図を見よ

よって，

$$\begin{cases} \overrightarrow{AE} = \dfrac{1}{3}(2\overrightarrow{AC}+\overrightarrow{AD}) & \blacktriangleleft \text{Point 1.5} \\ \overrightarrow{GB} = -\overrightarrow{AG}+\overrightarrow{AB} & \blacktriangleleft \text{Point 1.9} \\ \phantom{\overrightarrow{GB}} = -\dfrac{m}{2m+1}(2\overrightarrow{AC}+\overrightarrow{AD})+\overrightarrow{AB} & \blacktriangleleft \text{(1)の結果を使った！} \end{cases}$$

を考え，

$\overrightarrow{AE}\cdot\overrightarrow{GB}=0$ ……③

$\Leftrightarrow \dfrac{1}{3}(2\overrightarrow{AC}+\overrightarrow{AD})\cdot\left\{-\dfrac{m}{2m+1}(2\overrightarrow{AC}+\overrightarrow{AD})+\overrightarrow{AB}\right\}=0$

$\Leftrightarrow (2\overrightarrow{AC}+\overrightarrow{AD})\cdot\{-2m\overrightarrow{AC}-m\overrightarrow{AD}+(2m+1)\overrightarrow{AB}\}=0$ ◀両辺に$3(2m+1)$を掛けて分母を払った

$\Leftrightarrow -4m|\overrightarrow{AC}|^2-2m\overrightarrow{AC}\cdot\overrightarrow{AD}+2(2m+1)\overrightarrow{AB}\cdot\overrightarrow{AC}$
$ -2m\overrightarrow{AC}\cdot\overrightarrow{AD}-m|\overrightarrow{AD}|^2+(2m+1)\overrightarrow{AB}\cdot\overrightarrow{AD}=0$ ◀Point 2.7を使って展開した

$\Leftrightarrow -4m|\overrightarrow{AC}|^2-4m\overrightarrow{AC}\cdot\overrightarrow{AD}+2(2m+1)\overrightarrow{AB}\cdot\overrightarrow{AC}-m|\overrightarrow{AD}|^2+(2m+1)\overrightarrow{AB}\cdot\overrightarrow{AD}=0$ ……③′

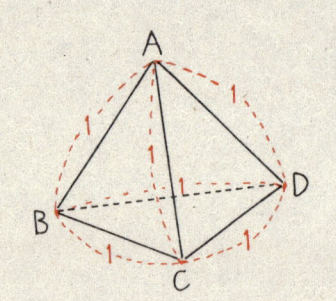

ここで，四面体 ABCD は
一辺の長さが1の正四面体 ◀すべての面は正三角形！
であることを考え，

$$\begin{cases} \overrightarrow{AB}\cdot\overrightarrow{AC}=\overrightarrow{AB}\cdot\overrightarrow{AD}=\overrightarrow{AC}\cdot\overrightarrow{AD}=1\cdot1\cdot\cos 60°=\dfrac{1}{2} \\ |\overrightarrow{AB}|=|\overrightarrow{AC}|=|\overrightarrow{AD}|=1 \end{cases} \cdots\cdots(*)$$

がいえるので，◀[考え方]参照

$-4m|\overrightarrow{AC}|^2-4m\overrightarrow{AC}\cdot\overrightarrow{AD}+2(2m+1)\overrightarrow{AB}\cdot\overrightarrow{AC}-m|\overrightarrow{AD}|^2+(2m+1)\overrightarrow{AB}\cdot\overrightarrow{AD}=0$ ……③′

$\Leftrightarrow -4m\cdot 1^2-4m\cdot\dfrac{1}{2}+2(2m+1)\dfrac{1}{2}-m\cdot 1^2+(2m+1)\dfrac{1}{2}=0$ ◀(*)を代入した

$\Leftrightarrow -4m-2m+(2m+1)-m+\left(m+\dfrac{1}{2}\right)=0$ ◀展開した

$\Leftrightarrow 4m=\dfrac{3}{2}$ ◀整理した

$\therefore\ m=\dfrac{3}{8}$ ◀mを求めることができた！

空間図形に関する応用問題　71

よって、
$\vec{GB} = -\dfrac{m}{2m+1}(2\vec{AC}+\vec{AD}) + \vec{AB}$ より

$\vec{GB} = \dfrac{1}{14}(14\vec{AB} - 6\vec{AC} - 3\vec{AD})$ ◀ $m=\dfrac{3}{8}$ を代入して整理した

が得られる。 ◀[考え方]参照

さらに、
$|14\vec{AB} - 6\vec{AC} - 3\vec{AD}|^2$ ◀$|14\vec{AB}-6\vec{AC}-3\vec{AD}|$のままでは計算ができないので2乗した！
$= (14)^2|\vec{AB}|^2 + (-6)^2|\vec{AC}|^2 + (-3)^2|\vec{AD}|^2$ ◀$(a+b+c)^2 = a^2+b^2+c^2+2(ab+bc+ca)$
　$+ 2\{14(-6)\vec{AB}\cdot\vec{AC} + 14(-3)\vec{AB}\cdot\vec{AD} + (-6)(-3)\vec{AC}\cdot\vec{AD}\}$
$= 196\cdot 1^2 + 36\cdot 1^2 + 9\cdot 1^2 + 2\left(-84\cdot\dfrac{1}{2} - 42\cdot\dfrac{1}{2} + 18\cdot\dfrac{1}{2}\right)$ ◀(*)を代入した
$= 133$ より ◀ $196+36+9-84-42+18=133$

$|14\vec{AB} - 6\vec{AC} - 3\vec{AD}| = \sqrt{133}$ がいえるので、

$|\vec{GB}| = \dfrac{1}{14}|14\vec{AB} - 6\vec{AC} - 3\vec{AD}|$ ◀ $\vec{GB} = \dfrac{1}{14}(14\vec{AB}-6\vec{AC}-3\vec{AD})$
$= \dfrac{1}{14}\cdot\sqrt{133}$ ◀ $|14\vec{AB}-6\vec{AC}-3\vec{AD}| = \sqrt{133}$ を代入した
$= \dfrac{\sqrt{133}}{14}$ ◀ GBの最小値を求めることができた！

(2)の後半の別解について

Point 1.10（入試問題では(1)の結果が(2)で使える！）を考え，$|\overrightarrow{GB}|$は(1)で求めた $\overrightarrow{AG}$ に着目して 次のようにも求めることができる。

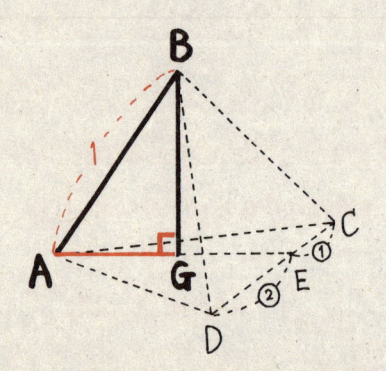

まず，

三平方の定理より
$AB^2 = AG^2 + GB^2$ ◀左図を見よ
$\Leftrightarrow 1 = AG^2 + GB^2$ ◀AB=1を代入した
$\Leftrightarrow GB^2 = 1 - AG^2$ ◀GB^2について解いた

がいえるので，
AG を求めれば GB を求めることができる よね。

さらに，
$AG\ [=|\overrightarrow{AG}|]$ は(1)の $\overrightarrow{AG} = \dfrac{m}{2m+1}(2\overrightarrow{AC}+\overrightarrow{AD})$ より

$|\overrightarrow{AG}| = \dfrac{m}{2m+1}|2\overrightarrow{AC}+\overrightarrow{AD}|$ と分かるので，　◀ $\vec{a}=\vec{b} \Rightarrow |\vec{a}|=|\vec{b}|$

AG を求めるためには $|2\overrightarrow{AC}+\overrightarrow{AD}|$ を求めればいいよね。

[解答]では，素直に
$|\overrightarrow{GB}| = \dfrac{1}{14}|14\overrightarrow{AB} - 6\overrightarrow{AC} - 3\overrightarrow{AD}|$ を考えて　◀ $\overrightarrow{GB}=\dfrac{1}{14}(14\overrightarrow{AB}-6\overrightarrow{AC}-3\overrightarrow{AD})$

$|14\overrightarrow{AB} - 6\overrightarrow{AC} - 3\overrightarrow{AD}|$ を求めたけれど，

明らかに [別解] の $|2\overrightarrow{AC}+\overrightarrow{AD}|$ を求める方がラクだよね。

空間図形に関する応用問題

[別解] ◀ $m=\dfrac{3}{8}$ を求めるところまでは [解答] 参照

(2)

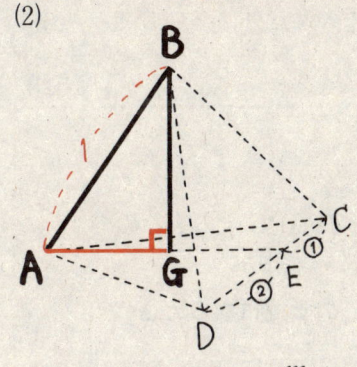

三平方の定理より ◀ 左図を見よ
$AB^2 = AG^2 + GB^2$ ◀ (1)のAGに着目した！
⇔ $GB^2 = 1 - AG^2$ ……Ⓐ ◀ $AB=1$
がいえる。 ◀ GB^2 について解いた

ここで，(1)の $\overrightarrow{AG} = \dfrac{m}{2m+1}(2\overrightarrow{AC} + \overrightarrow{AD})$ より

$|\overrightarrow{AG}| = \dfrac{3}{14}|2\overrightarrow{AC} + \overrightarrow{AD}|$ ……Ⓑ ◀ $\dfrac{m}{2m+1}$ に $m=\dfrac{3}{8}$ を代入して整理した

がいえるので，

$|2\overrightarrow{AC}+\overrightarrow{AD}|^2 = 4|\overrightarrow{AC}|^2 + 4\overrightarrow{AC}\cdot\overrightarrow{AD} + |\overrightarrow{AD}|^2$ ◀ Point 2.8

$\qquad = 4\cdot 1^2 + 4\cdot\dfrac{1}{2} + 1^2$ ◀ (*) を代入した

$\qquad = 7$ を考え， ◀ $4+2+1=7$

$|\overrightarrow{AG}| = \dfrac{3}{14}|2\overrightarrow{AC}+\overrightarrow{AD}|$ ……Ⓑ

$\qquad = \dfrac{3}{14}\sqrt{7}$ が得られる。 ◀ $|2\overrightarrow{AC}+\overrightarrow{AD}|=\sqrt{7}$ を代入した

よって，

$GB^2 = 1 - AG^2$ ……Ⓐ より

$GB^2 = 1 - \left(\dfrac{3}{14}\sqrt{7}\right)^2$ ◀ $AG[=|\overrightarrow{AG}|] = \dfrac{3}{14}\sqrt{7}$ を代入した

$\qquad = 1 - \dfrac{9\cdot 7}{14^2}$ ◀ $(3\sqrt{7})^2 = 3^2\cdot(\sqrt{7})^2 = 9\cdot 7$

$\qquad = \dfrac{196-63}{14^2}$ ◀ $1 - \dfrac{9\cdot 7}{14^2} = \dfrac{14^2 - 9\cdot 7}{14^2} = \dfrac{196-63}{14^2}$

$\qquad = \dfrac{133}{14^2}$

∴ $GB = \dfrac{\sqrt{133}}{14}$ ◀ GBの最小値を求めることができた！

[補足]　(2)の典型的な誤答例について

(2)については次のような[答案例]を書く人が意外に多いのでここで紹介しておこう。

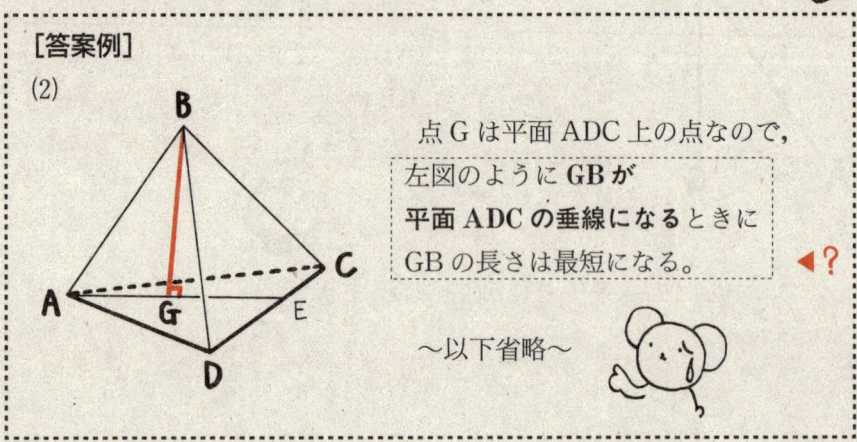

[答案例]
(2)

点 G は平面 ADC 上の点なので，左図のように **GB が平面 ADC の垂線になる**ときに GB の長さは最短になる。　◀?

〜以下省略〜

まず，この[答案例]が[誤答例]であることは分かるかい？

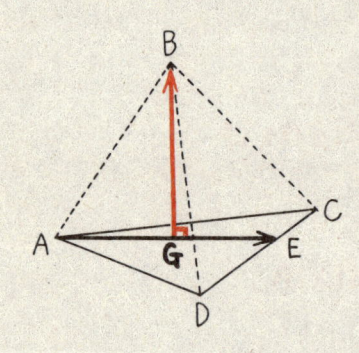

[解答]でもいったけれど，GB の長さが最短になるとき，$\overrightarrow{GB}$ は（平面 ADC 上の）$\overrightarrow{AE}$ と直交しているよね。　◀ $\overrightarrow{AE} \cdot \overrightarrow{GB} = 0$ がいえる

だから，
$\overrightarrow{GB}$ は直線 AE と直交している
ということがいえるよね。

だけど，
$\overrightarrow{GB}$ は平面 ADC と直交している
とはいえないよね。

えっ，よく分からないって？

空間図形に関する応用問題 75

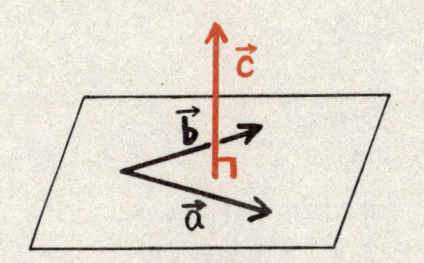

だって，

$\vec{a}$ と $\vec{b}$ を含む平面に対して
$\vec{c}$ が垂直であるための条件は
$\begin{cases} \vec{a} \cdot \vec{c} = 0 \\ \vec{b} \cdot \vec{c} = 0 \end{cases}$ 〔ただし，$\vec{a}$ と $\vec{b}$ は 1次独立なベクトル〕

だったでしょ。 ◀ Point 5.3

つまり，

"平面と直交している" ということがいえるためには 平面上の（1次独立な）2つのベクトルと直交している，ということがいえなければならない んだよ。

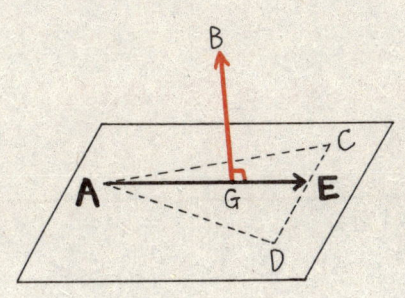

だから，
いくら $\overrightarrow{AE}$ が平面 ADC 上にあるからといっても，
$\overrightarrow{AE} \cdot \overrightarrow{GB} = 0$ だけでは
平面と直交するとはいえないんだよ。

重要事項

ベクトルが平面と直交することを示すためには，そのベクトルが平面上の（1次独立な）2つのベクトルと直交することを示さなければならない！

[補足のまとめ]

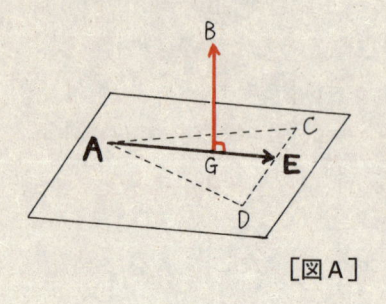

[図A]

左のような図をかいて、なんとなく
「$\vec{GB}$ は平面 ADC と直交している」と決めつけてしまう人は意外に多いのだが、
[図B] のように

(平面 ADC 上の) $\vec{AE}$ と直交しているベクトルなんて無数に存在している

んだよ。 ◀ つまり、$\vec{AE}$と直交しているベクトルは平面ADCと直交しているとは限らない！

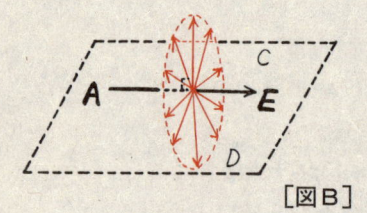

[図B]

◀ 直線に垂直なベクトルは無数に存在する！

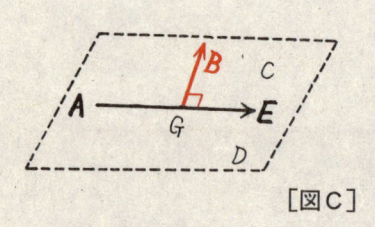

[図C]

例えば、[図C] のように
点 B が平面 ADC 上にあったとしても、
$\vec{GB}$ は
「(平面 ADC 上の) $\vec{AE}$ と直交している」
よね。だけど、
この場合は誰が見たって明らかに、
「平面ADCとは直交していない」よね。

今後は、今回のように図からなんとなく判断するのではなく、
「平面上の（1次独立な）2つのベクトルと直交しているのか？」ということをキチンとCheckしてから、ベクトルが平面と直交しているのかどうかを判断すること！

総合演習 3

空間内の原点 O を中心とする半径 1 の球面を T とする。同一平面上にない T 上の相異なる 4 点 A_1, A_2, A_3, A_4 が，$\vec{a_1} = \overrightarrow{OA_1}$, $\vec{a_2} = \overrightarrow{OA_2}$, $\vec{a_3} = \overrightarrow{OA_3}$, $\vec{a_4} = \overrightarrow{OA_4}$ とおくとき，$\vec{a_1} + \vec{a_2} + \vec{a_3} + \vec{a_4} = \vec{0}$ を満たしているとする。

(1) $\vec{a_1} \cdot \vec{a_2} = \vec{a_3} \cdot \vec{a_4}$, $\vec{a_2} \cdot \vec{a_3} = \vec{a_1} \cdot \vec{a_4}$ を示せ。

(2) 四面体 $A_1A_2A_3A_4$ の 4 つの面はすべて合同な三角形であることを示せ。

(3) $\triangle A_1A_2A_3$ の面積を $t = \vec{a_1} \cdot \vec{a_2}$ と $u = \vec{a_1} \cdot \vec{a_3}$ を用いて表せ。

(4) $\vec{a_1} + \vec{a_2} + \vec{a_3} + \vec{a_4} = \vec{0}$ かつ $t = u$ を満たすように T 上の 4 点 A_1, A_2, A_3, A_4 を動かすとき，四面体 $A_1A_2A_3A_4$ の表面積が最大のものは正四面体であることを示せ。

[広島大]

[考え方]

(1) とりあえず，

$\vec{a_1} \cdot \vec{a_2} = \vec{a_3} \cdot \vec{a_4}$ という式を導くためには
$\vec{a_1} \cdot \vec{a_2}$ と $\vec{a_3} \cdot \vec{a_4}$ を導かなければならないよね。

$\vec{a_1} \cdot \vec{a_2}$ と $\vec{a_3} \cdot \vec{a_4}$ を導くためには，**Point 2.8** を考え，$|k\vec{a_1} + l\vec{a_2}|^2$ と $|m\vec{a_3} + n\vec{a_4}|^2$ の形の式を展開すればいいよね。

▶ $|k\vec{a_1} + l\vec{a_2}|^2 = k^2|\vec{a_1}|^2 + 2kl\vec{a_1} \cdot \vec{a_2} + l^2|\vec{a_2}|^2$
$|m\vec{a_3} + n\vec{a_4}|^2 = m^2|\vec{a_3}|^2 + 2mn\vec{a_3} \cdot \vec{a_4} + n^2|\vec{a_4}|^2$

そこで，

$\vec{a_1} + \vec{a_2} + \vec{a_3} + \vec{a_4} = \vec{0}$ ……(∗) から
$|k\vec{a_1} + l\vec{a_2}|$ と $|m\vec{a_3} + n\vec{a_4}|$ の形を導くために
$\vec{a_1} + \vec{a_2} + \vec{a_3} + \vec{a_4} = \vec{0}$ ……(∗) を
$\vec{a_1} + \vec{a_2} = -(\vec{a_3} + \vec{a_4})$ ……① と書き直してみよう。

すると、
$\vec{a_1}+\vec{a_2}=-(\vec{a_3}+\vec{a_4})$ ……① から

$|\vec{a_1}+\vec{a_2}|=|-(\vec{a_3}+\vec{a_4})|$ ◀ $\vec{a}=-\vec{b} \Rightarrow |\vec{a}|=|-\vec{b}|$

⇔ $|\vec{a_1}+\vec{a_2}|=|\vec{a_3}+\vec{a_4}|$ ……①′ ◀ $|-\vec{b}|=|\vec{b}|$

がいえるので、

$|\vec{a_1}+\vec{a_2}|^2=|\vec{a_3}+\vec{a_4}|^2$ ◀ $\vec{a_1}\cdot\vec{a_2}$ と $\vec{a_3}\cdot\vec{a_4}$ が出てくるように両辺を2乗した！

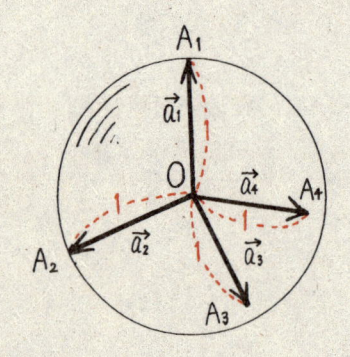

⇔ $|\vec{a_1}|^2+2\vec{a_1}\cdot\vec{a_2}+|\vec{a_2}|^2=|\vec{a_3}|^2+2\vec{a_3}\cdot\vec{a_4}+|\vec{a_4}|^2$ ……①″ ◀ Point 2.8

が得られる。 ◀ $\vec{a_1}\cdot\vec{a_2}$ と $\vec{a_3}\cdot\vec{a_4}$ が導けた！

ここで、問題文より、
4点 A_1, A_2, A_3, A_4 は左図のような原点Oを中心とする半径1の球面上にあるので、

$|\vec{a_1}|=|\vec{a_2}|=|\vec{a_3}|=|\vec{a_4}|=1$ ……(★)

がいえる。

よって、
$|\vec{a_1}|^2+2\vec{a_1}\cdot\vec{a_2}+|\vec{a_2}|^2=|\vec{a_3}|^2+2\vec{a_3}\cdot\vec{a_4}+|\vec{a_4}|^2$ ……①″

⇔ $1^2+2\vec{a_1}\cdot\vec{a_2}+1^2=1^2+2\vec{a_3}\cdot\vec{a_4}+1^2$ ◀ (★)を代入した

⇔ $2\vec{a_1}\cdot\vec{a_2}=2\vec{a_3}\cdot\vec{a_4}$ ◀ 整理した

∴ $\vec{a_1}\cdot\vec{a_2}=\vec{a_3}\cdot\vec{a_4}$ ……①‴ が得られた！ ◀ 両辺を2で割った

同様に、
$|\vec{a_2}+\vec{a_3}|^2$ と $|\vec{a_1}+\vec{a_4}|^2$ を展開すれば
$\vec{a_2}\cdot\vec{a_3}$ と $\vec{a_1}\cdot\vec{a_4}$ が出てくるので、 ◀ Point 2.8

$\vec{a_1}+\vec{a_2}+\vec{a_3}+\vec{a_4}=\vec{0}$ ……(*) を
$\vec{a_2}+\vec{a_3}=-(\vec{a_1}+\vec{a_4})$ ……② と書き直してみよう。

空間図形に関する応用問題　79

すると，
$\vec{a_2}+\vec{a_3}=-(\vec{a_1}+\vec{a_4})$ ……② から
$|\vec{a_2}+\vec{a_3}|=|-(\vec{a_1}+\vec{a_4})|$ ◀ $\vec{a}=-\vec{b} \Rightarrow |\vec{a}|=|-\vec{b}|$
$\Leftrightarrow |\vec{a_2}+\vec{a_3}|=|\vec{a_1}+\vec{a_4}|$ ……②′ ◀ $|-\vec{b}|=|\vec{b}|$
がいえるので，
$|\vec{a_2}+\vec{a_3}|^2=|\vec{a_1}+\vec{a_4}|^2$ ◀ $\vec{a_2}\cdot\vec{a_3}$ と $\vec{a_1}\cdot\vec{a_4}$ が出てくるように両辺を2乗した！
$\Leftrightarrow |\vec{a_2}|^2+2\vec{a_2}\cdot\vec{a_3}+|\vec{a_3}|^2=|\vec{a_1}|^2+2\vec{a_1}\cdot\vec{a_4}+|\vec{a_4}|^2$ ◀ Point2.8
$\Leftrightarrow 1^2+2\vec{a_2}\cdot\vec{a_3}+1^2=1^2+2\vec{a_1}\cdot\vec{a_4}+1^2$ ◀ (☆)を代入した
$\Leftrightarrow 2\vec{a_2}\cdot\vec{a_3}=2\vec{a_1}\cdot\vec{a_4}$ ◀ 整理した
$\therefore \vec{a_2}\cdot\vec{a_3}=\vec{a_1}\cdot\vec{a_4}$ ……②″ が得られた！ ◀ 両辺を2で割った

(2)

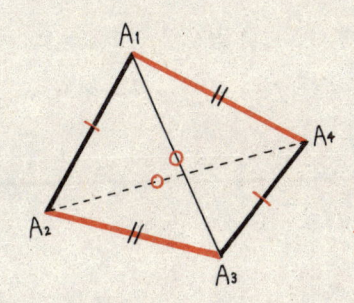

四面体 $A_1A_2A_3A_4$ の4つの
すべての面が合同な三角形になるとき，
四面体 $A_1A_2A_3A_4$ は
左図のようになる。 ◀ すべての面は○と｜と‖を3辺とする三角形になっている！

◀ このような"すべての面が等しい四面体"のことを"等面四面体"というので，以下，等面四面体 と呼ぶことにする

上図のように，

等面四面体は ◀ すべての面が等しい四面体
$\begin{cases} A_1A_2=A_3A_4 & ……ⓐ \\ A_2A_3=A_1A_4 & ……ⓑ \\ A_2A_4=A_1A_3 & ……ⓒ \end{cases}$ を満たしている四面体　なので，

◀ $\begin{cases} ⓐ は｜に相当 \\ ⓑ は‖に相当 \\ ⓒ は○に相当 \end{cases}$

ⓐ，ⓑ，ⓒ を示すことができれば
四面体 $A_1A_2A_3A_4$ が等面四面体であることがいえるよね。

そこで，以下 ⓐ，ⓑ，ⓒ を示そう。

$A_1A_2 = A_3A_4 \cdots\cdots ⓐ$ について

まず，考えやすくするために
$A_1A_2 = A_3A_4 \cdots\cdots ⓐ$ をベクトルを使って書き直すと
$|\overrightarrow{A_1A_2}| = |\overrightarrow{A_3A_4}| \cdots\cdots ⓐ'$ のようになる　よね。　◀ $AB = |\overrightarrow{AB}|$

さらに，問題文で与えられた
$\vec{a_1}[=\overrightarrow{OA_1}]$ と $\vec{a_2}[=\overrightarrow{OA_2}]$ と $\vec{a_3}[=\overrightarrow{OA_3}]$ と $\vec{a_4}[=\overrightarrow{OA_4}]$ が使えるようにするために
$|\overrightarrow{A_1A_2}| = |\overrightarrow{A_3A_4}| \cdots\cdots ⓐ'$ の始点を O に書き直す　と，

$\quad |\overrightarrow{A_1A_2}| = |\overrightarrow{A_3A_4}| \cdots\cdots ⓐ'$
$\Leftrightarrow |-\overrightarrow{OA_1} + \overrightarrow{OA_2}| = |-\overrightarrow{OA_3} + \overrightarrow{OA_4}|$　◀ Point 1.9を使って始点をOに書き直した！
$\Leftrightarrow |-\vec{a_1} + \vec{a_2}| = |-\vec{a_3} + \vec{a_4}| \cdots\cdots ⓐ''$ のようになる。

さらに，
$|-\vec{a_1} + \vec{a_2}| = |-\vec{a_3} + \vec{a_4}| \cdots\cdots ⓐ''$ が変形できるように両辺を2乗する　と，

$\quad |-\vec{a_1} + \vec{a_2}|^2 = |-\vec{a_3} + \vec{a_4}|^2$
$\Leftrightarrow |\vec{a_1}|^2 - 2\vec{a_1}\cdot\vec{a_2} + |\vec{a_2}|^2 = |\vec{a_3}|^2 - 2\vec{a_3}\cdot\vec{a_4} + |\vec{a_4}|^2$　◀ Point 2.8
$\Leftrightarrow 1^2 - 2\vec{a_1}\cdot\vec{a_2} + 1^2 = 1^2 - 2\vec{a_3}\cdot\vec{a_4} + 1^2$　◀ (★)を代入した
$\Leftrightarrow -2\vec{a_1}\cdot\vec{a_2} = -2\vec{a_3}\cdot\vec{a_4}$　◀ 整理した
$\Leftrightarrow \vec{a_1}\cdot\vec{a_2} = \vec{a_3}\cdot\vec{a_4} \cdots\cdots ⓐ'''$ のようになる。　◀ 両辺を−2で割った

よって，
$A_1A_2 = A_3A_4 \cdots\cdots ⓐ$ を示すためには
$\vec{a_1}\cdot\vec{a_2} = \vec{a_3}\cdot\vec{a_4} \cdots\cdots ⓐ'''$ を示せばよい　ということが分かったね。

だけど，
$\vec{a_1}\cdot\vec{a_2} = \vec{a_3}\cdot\vec{a_4} \cdots\cdots ⓐ'''$ は既に(1)で示しているよね！　◀ Point 1.10

つまり，
(1)で $\vec{a_1}\cdot\vec{a_2}=\vec{a_3}\cdot\vec{a_4}$ …… ⓐ‴ が成立することを示しているので，

$A_1A_2 = A_3A_4$ …… ⓐ
$\Leftrightarrow \vec{a_1}\cdot\vec{a_2}=\vec{a_3}\cdot\vec{a_4}$ …… ⓐ‴

◀「$A_1A_2=A_3A_4$ と $\vec{a_1}\cdot\vec{a_2}=\vec{a_3}\cdot\vec{a_4}$ は同じ式（同値）！」

が得られた時点で
$A_1A_2 = A_3A_4$ …… ⓐ が成立することが示せたのである！

$A_2A_3 = A_1A_4$ …… ⓑ について

まず，
$A_2A_3 = A_1A_4$ …… ⓑ をベクトルを使って書き直すと
$|\overrightarrow{A_2A_3}| = |\overrightarrow{A_1A_4}|$ …… ⓑ′ のようになる ので， ◀ $AB=|\overrightarrow{AB}|$

$|\overrightarrow{A_2A_3}| = |\overrightarrow{A_1A_4}|$ …… ⓑ′
$\Leftrightarrow |-\overrightarrow{OA_2}+\overrightarrow{OA_3}| = |-\overrightarrow{OA_1}+\overrightarrow{OA_4}|$ ◀ Point1.9を使って始点をOに書き直した！
$\Leftrightarrow |-\vec{a_2}+\vec{a_3}| = |-\vec{a_1}+\vec{a_4}|$ ◀ $\overrightarrow{OA_2}=\vec{a_2}$, $\overrightarrow{OA_3}=\vec{a_3}$, $\overrightarrow{OA_1}=\vec{a_1}$, $\overrightarrow{OA_4}=\vec{a_4}$
$\Leftrightarrow |-\vec{a_2}+\vec{a_3}|^2 = |-\vec{a_1}+\vec{a_4}|^2$ ◀ 変形できるように両辺を2乗した
$\Leftrightarrow |\vec{a_2}|^2-2\vec{a_2}\cdot\vec{a_3}+|\vec{a_3}|^2 = |\vec{a_1}|^2-2\vec{a_1}\cdot\vec{a_4}+|\vec{a_4}|^2$ ◀ Point 2.8
$\Leftrightarrow 1^2-2\vec{a_2}\cdot\vec{a_3}+1^2 = 1^2-2\vec{a_1}\cdot\vec{a_4}+1^2$ ◀ (★)を代入した
$\Leftrightarrow -2\vec{a_2}\cdot\vec{a_3} = -2\vec{a_1}\cdot\vec{a_4}$ ◀ 整理した
$\Leftrightarrow \vec{a_2}\cdot\vec{a_3} = \vec{a_1}\cdot\vec{a_4}$ …… ⓑ″ がいえる。 ◀ 両辺を-2で割った

よって，
$A_2A_3 = A_1A_4$ …… ⓑ を示すためには
$\vec{a_2}\cdot\vec{a_3} = \vec{a_1}\cdot\vec{a_4}$ …… ⓑ″ を示せばよい

ということが分かったね。
だけど，
$\vec{a_2}\cdot\vec{a_3} = \vec{a_1}\cdot\vec{a_4}$ …… ⓑ″ についても既に(1)で示しているよね！ ◀ Point 1.10

よって，
$A_2A_3 = A_1A_4$ …… ⓑ
$\Leftrightarrow \vec{a_2}\cdot\vec{a_3} = \vec{a_1}\cdot\vec{a_4}$ …… ⓑ″

◀「$A_2A_3=A_1A_4$ と $\vec{a_2}\cdot\vec{a_3}=\vec{a_1}\cdot\vec{a_4}$ は同じ式（同値）！」

を考え，
$A_2A_3 = A_1A_4$ …… ⓑ を示すことができた！

Section 6

$A_2A_4 = A_1A_3$ …… ⓒ について

まず，

$A_2A_4 = A_1A_3$ …… ⓒ をベクトルを使って書き直すと
$|\overrightarrow{A_2A_4}| = |\overrightarrow{A_1A_3}|$ …… ⓒ' のようになる ので， ◀ $AB = |\overrightarrow{AB}|$

$|\overrightarrow{A_2A_4}| = |\overrightarrow{A_1A_3}|$ …… ⓒ'
⇔ $|-\overrightarrow{OA_2}+\overrightarrow{OA_4}| = |-\overrightarrow{OA_1}+\overrightarrow{OA_3}|$ ◀ Point 1.9を使って始点をOに書き直した！
⇔ $|-\vec{a_2}+\vec{a_4}| = |-\vec{a_1}+\vec{a_3}|$ ◀ $\overrightarrow{OA_2}=\vec{a_2}, \overrightarrow{OA_4}=\vec{a_4}, \overrightarrow{OA_1}=\vec{a_1}, \overrightarrow{OA_3}=\vec{a_3}$
⇔ $|-\vec{a_2}+\vec{a_4}|^2 = |-\vec{a_1}+\vec{a_3}|^2$ ◀ 変形できるように両辺を2乗した
⇔ $|\vec{a_2}|^2 - 2\vec{a_2}\cdot\vec{a_4} + |\vec{a_4}|^2 = |\vec{a_1}|^2 - 2\vec{a_1}\cdot\vec{a_3} + |\vec{a_3}|^2$ ◀ Point 2.8
⇔ $1^2 - 2\vec{a_2}\cdot\vec{a_4} + 1^2 = 1^2 - 2\vec{a_1}\cdot\vec{a_3} + 1^2$ ◀ (★)を代入した
⇔ $-2\vec{a_2}\cdot\vec{a_4} = -2\vec{a_1}\cdot\vec{a_3}$ ◀ 整理した
⇔ $\vec{a_2}\cdot\vec{a_4} = \vec{a_1}\cdot\vec{a_3}$ …… ⓒ'' がいえる。 ◀ 両辺を-2で割った

よって，

$A_2A_4 = A_1A_3$ …… ⓒ を示すためには
$\vec{a_2}\cdot\vec{a_4} = \vec{a_1}\cdot\vec{a_3}$ …… ⓒ'' を示せばよい ということが分かったね。

そこで，以下，
$\vec{a_2}\cdot\vec{a_4} = \vec{a_1}\cdot\vec{a_3}$ …… ⓒ'' について考えよう。 ◀ $\vec{a_2}\cdot\vec{a_4} = \vec{a_1}\cdot\vec{a_3}$ …… ⓒ'' は(1)では示していない！

まず，

$\vec{a_1}+\vec{a_2}+\vec{a_3}+\vec{a_4} = \vec{0}$ …… (*) を
$\vec{a_2}+\vec{a_4} = -(\vec{a_1}+\vec{a_3})$ …… ③ と書き直す と， ◀ (1)参照

$\vec{a_2}+\vec{a_4} = -(\vec{a_1}+\vec{a_3})$ …… ③ から

$|\vec{a_2}+\vec{a_4}| = |-(\vec{a_1}+\vec{a_3})|$ ◀ $\vec{a}=-\vec{b} \Rightarrow |\vec{a}|=|-\vec{b}|$
⇔ $|\vec{a_2}+\vec{a_4}| = |\vec{a_1}+\vec{a_3}|$ …… ③' ◀ $|-\vec{b}|=|\vec{b}|$

がいえるので，

$|\vec{a_2}+\vec{a_4}|^2=|\vec{a_1}+\vec{a_3}|^2$　◀ $\vec{a_2}\cdot\vec{a_4}$ と $\vec{a_1}\cdot\vec{a_3}$ が出てくるように両辺を2乗した！
$\Leftrightarrow |\vec{a_2}|^2+2\vec{a_2}\cdot\vec{a_4}+|\vec{a_4}|^2=|\vec{a_1}|^2+2\vec{a_1}\cdot\vec{a_3}+|\vec{a_3}|^2$　◀ Point 2.8
$\Leftrightarrow 1^2+2\vec{a_2}\cdot\vec{a_4}+1^2=1^2+2\vec{a_1}\cdot\vec{a_3}+1^2$　◀（★）を代入した
$\Leftrightarrow 2\vec{a_2}\cdot\vec{a_4}=2\vec{a_1}\cdot\vec{a_3}$　◀整理した
$\therefore\ \vec{a_2}\cdot\vec{a_4}=\vec{a_1}\cdot\vec{a_3}$ ……©″ が得られた！　◀両辺を2で割った

よって，
$\vec{a_2}\cdot\vec{a_4}=\vec{a_1}\cdot\vec{a_3}$ ……©″ を示すことができたので，

$A_2A_4=A_1A_3$ ……©　◀「$A_2A_4=A_1A_3$ と $\vec{a_2}\cdot\vec{a_4}=\vec{a_1}\cdot\vec{a_3}$ は同じ式（同値）！
$\Leftrightarrow \vec{a_2}\cdot\vec{a_4}=\vec{a_1}\cdot\vec{a_3}$ ……©″ を考え，
$A_2A_4=A_1A_3$ ……© を示すことができた！

(3) まず，次の
「ベクトルを使った三角形の面積の公式」は必ず覚えておこう。

Point 6.1 〈ベクトルを使った三角形の面積の公式〉

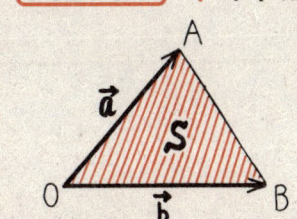

$\vec{OA}=\vec{a}$, $\vec{OB}=\vec{b}$ のとき，
△OAB の面積 S は
$S=\dfrac{1}{2}\sqrt{|\vec{a}|^2|\vec{b}|^2-(\vec{a}\cdot\vec{b})^2}$ となる。

Point 6.1 より，

△$A_1A_2A_3$ の面積 S は
$S=\dfrac{1}{2}\sqrt{|\vec{A_1A_2}|^2|\vec{A_1A_3}|^2-(\vec{A_1A_2}\cdot\vec{A_1A_3})^2}$

と書けるので，S を求めるためには
$|\vec{A_1A_2}|^2$ と $|\vec{A_1A_3}|^2$ と $\vec{A_1A_2}\cdot\vec{A_1A_3}$ を求めればいい
よね。

$|\overrightarrow{A_1A_2}|^2$ について

$$|\overrightarrow{A_1A_2}|^2 = |-\overrightarrow{OA_1} + \overrightarrow{OA_2}|^2 \quad \blacktriangleleft \text{Point 1.9を使って始点をOに書き直した！}$$
$$= |-\vec{a_1} + \vec{a_2}|^2 \quad \blacktriangleleft \overrightarrow{OA_1} = \vec{a_1},\ \overrightarrow{OA_2} = \vec{a_2}$$
$$= |\vec{a_1}|^2 - 2\vec{a_1} \cdot \vec{a_2} + |\vec{a_2}|^2 \quad \blacktriangleleft \text{Point 2.8を使って展開した}$$
$$= 1^2 - 2t + 1^2 \quad \blacktriangleleft (\bigstar)\text{と問題文の}\vec{a_1} \cdot \vec{a_2} = t\text{を代入した}$$
$$= \underline{2(1-t)} \cdots\cdots Ⓐ \quad \blacktriangleleft 1 - 2t + 1 = 2 - 2t = \underline{2(1-t)}$$

$|\overrightarrow{A_1A_3}|^2$ について

$$|\overrightarrow{A_1A_3}|^2 = |-\overrightarrow{OA_1} + \overrightarrow{OA_3}|^2 \quad \blacktriangleleft \text{Point 1.9を使って始点をOに書き直した！}$$
$$= |-\vec{a_1} + \vec{a_3}|^2 \quad \blacktriangleleft \overrightarrow{OA_1} = \vec{a_1},\ \overrightarrow{OA_3} = \vec{a_3}$$
$$= |\vec{a_1}|^2 - 2\vec{a_1} \cdot \vec{a_3} + |\vec{a_3}|^2 \quad \blacktriangleleft \text{Point 2.8を使って展開した}$$
$$= 1^2 - 2u + 1^2 \quad \blacktriangleleft (\bigstar)\text{と問題文の}\vec{a_1} \cdot \vec{a_3} = u\text{を代入した}$$
$$= \underline{2(1-u)} \cdots\cdots Ⓑ \quad \blacktriangleleft 1 - 2u + 1 = 2 - 2u = \underline{2(1-u)}$$

$\overrightarrow{A_1A_2} \cdot \overrightarrow{A_1A_3}$ について

$$\overrightarrow{A_1A_2} \cdot \overrightarrow{A_1A_3} = (-\overrightarrow{OA_1} + \overrightarrow{OA_2}) \cdot (-\overrightarrow{OA_1} + \overrightarrow{OA_3}) \quad \blacktriangleleft \text{Point 1.9}$$
$$= (-\vec{a_1} + \vec{a_2}) \cdot (-\vec{a_1} + \vec{a_3}) \quad \blacktriangleleft \overrightarrow{OA_1} = \vec{a_1},\ \overrightarrow{OA_2} = \vec{a_2},\ \overrightarrow{OA_3} = \vec{a_3}$$
$$= |\vec{a_1}|^2 - \vec{a_1} \cdot \vec{a_2} - \vec{a_1} \cdot \vec{a_3} + \vec{a_2} \cdot \vec{a_3} \quad \blacktriangleleft \text{Point 2.7を使って展開した}$$
$$= 1 - t - u + \underline{\vec{a_2} \cdot \vec{a_3}} \cdots\cdots Ⓒ \quad \blacktriangleleft (\bigstar)\text{と問題文の}\vec{a_1} \cdot \vec{a_2} = t\text{と}\vec{a_1} \cdot \vec{a_3} = u\text{を代入した}$$

▶ ここで，よく分からない $\vec{a_2} \cdot \vec{a_3}$ が出てきてしまったので，問題文の "$t [= \vec{a_1} \cdot \vec{a_2}]$ と $u [= \vec{a_1} \cdot \vec{a_3}]$ を用いて表せ" を考え，$\vec{a_2} \cdot \vec{a_3}$ を $t [= \vec{a_1} \cdot \vec{a_2}]$ と $u [= \vec{a_1} \cdot \vec{a_3}]$ を用いて表してみよう。

空間図形に関する応用問題 85

$\boxed{\vec{a_2}\cdot\vec{a_3} \text{について}}$

とりあえず，$\vec{a_2}\cdot\vec{a_3}$ を t と u を使って表すためには
$t=\vec{a_1}\cdot\vec{a_2}$, $u=\vec{a_1}\cdot\vec{a_3}$ のように $\vec{a_1}$ が必要になるので，
(1)で求めた $\vec{a_2}\cdot\vec{a_3}=\vec{a_1}\cdot\vec{a_4}$ …… ②″ に着目してみよう。

だけど，
$t[=\vec{a_1}\cdot\vec{a_2}]$ と $u[=\vec{a_1}\cdot\vec{a_3}]$ を使って表すためには
②″の右辺の $\vec{a_4}$ がジャマだよね。　◀ 必要なのは $\vec{a_1}$ と $\vec{a_2}$ と $\vec{a_3}$ だけ！

そこで，

$\boxed{\vec{a_1}+\vec{a_2}+\vec{a_3}+\vec{a_4}=\vec{0}\ \cdots\cdots(*) \text{ を } \vec{a_4}=-\vec{a_1}-\vec{a_2}-\vec{a_3} \text{ と書き直して} \\ \vec{a_2}\cdot\vec{a_3}=\vec{a_1}\cdot\vec{a_4}\ \cdots\cdots\text{②″ に代入する}}$　と，　◀ 不要な $\vec{a_4}$ を消去する！

$\begin{aligned}\vec{a_2}\cdot\vec{a_3} &= \vec{a_1}\cdot\vec{a_4}\ \cdots\cdots\text{②″} \\ &= \vec{a_1}\cdot(-\vec{a_1}-\vec{a_2}-\vec{a_3}) & \blacktriangleleft \vec{a_4}=-\vec{a_1}-\vec{a_2}-\vec{a_3} \\ &= -|\vec{a_1}|^2-\vec{a_1}\cdot\vec{a_2}-\vec{a_1}\cdot\vec{a_3} & \blacktriangleleft \text{展開した} \\ &= -1-t-u\ \cdots\cdots\text{②‴} & \blacktriangleleft (\bigstar) \text{と}\vec{a_1}\cdot\vec{a_2}=t \text{と}\vec{a_1}\cdot\vec{a_3}=u \text{を代入した}\end{aligned}$

のように $\vec{a_2}\cdot\vec{a_3}$ を t と u を用いて表すことができた！

よって，②‴ より
$\begin{aligned}\vec{A_1A_2}\cdot\vec{A_1A_3} &= 1-t-u+\vec{a_2}\cdot\vec{a_3}\ \cdots\cdots\text{Ⓒ} \\ &= 1-t-u+(-1-t-u) & \blacktriangleleft \text{②‴を代入した} \\ &= \underline{-2(t+u)}\ \cdots\cdots\text{Ⓒ′} & \blacktriangleleft \underline{-2t-2u=-2(t+u)}\end{aligned}$

以上より，
$\begin{cases}|\vec{A_1A_2}|^2=2(1-t)\ \cdots\cdots\text{Ⓐ} \\ |\vec{A_1A_3}|^2=2(1-u)\ \cdots\cdots\text{Ⓑ} \\ \vec{A_1A_2}\cdot\vec{A_1A_3}=-2(t+u)\ \cdots\cdots\text{Ⓒ′}\end{cases}$ が得られたので，

$$S = \frac{1}{2}\sqrt{|\overrightarrow{A_1A_2}|^2|\overrightarrow{A_1A_3}|^2 - (\overrightarrow{A_1A_2}\cdot\overrightarrow{A_1A_3})^2} \quad \blacktriangleleft \text{Point 6.1}$$

$$= \frac{1}{2}\sqrt{2(1-t)\cdot 2(1-u) - \{-2(t+u)\}^2} \quad \blacktriangleleft \text{Ⓐ と Ⓑ と Ⓒ' を代入した}$$

$$= \frac{1}{2}\sqrt{4(1-t-u+tu) - 4(t^2+2tu+u^2)} \quad \blacktriangleleft \text{展開した}$$

$$= \frac{1}{2}\sqrt{4(1-t-u-tu-t^2-u^2)} \quad \blacktriangleleft \text{整理した}$$

$$= \frac{1}{2}\cdot 2\sqrt{1-t-u-tu-t^2-u^2} \quad \blacktriangleleft \sqrt{4}=2$$

$$= \sqrt{1-t-u-tu-t^2-u^2} \quad \blacktriangleleft S を t と u だけで表せた！$$

(4)

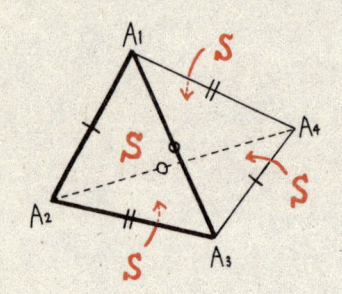

まず，四面体 $A_1A_2A_3A_4$ は
すべての面が等しい四面体なので，

1つの面の $\triangle A_1A_2A_3$ の面積を S とおくと
四面体 $A_1A_2A_3A_4$ の表面積は $4S$ になる

よね。 $\blacktriangleleft S+S+S+S = 4S$

よって，
S が最大になるときに四面体 $A_1A_2A_3A_4$ の表面積も最大になるので
S が最大になる条件について考えればいいよね。

そこで，以下，(3)を考え， $\blacktriangleleft$ Point 1.10
$S = \sqrt{1-t-u-tu-t^2-u^2}$ が最大になる条件について考えよう。

まず，問題文の $t=u$ という条件を考え，
$S = \sqrt{1-t-u-tu-t^2-u^2}$
$= \sqrt{1-t-t-t^2-t^2-t^2} \quad \blacktriangleleft t=u$ を使って u を消去した！
$= \sqrt{-3t^2-2t+1}$ ……④ がいえるよね。 $\blacktriangleleft$ 整理した

よって，
$\boxed{-3t^2-2t+1 \text{ が最大になるときに } S=\sqrt{-3t^2-2t+1} \text{ も最大になる}}$ ので，
$-3t^2-2t+1$ が最大になる条件について考えればいいよね。
$-3t^2-2t+1$ が最大になる条件だったら簡単だよね。

「2次式の最大・最小問題では平方完成をして考える」
というのは常套手段なので，$-3t^2-2t+1$ を平方完成すると，

$-3t^2-2t+1$ ◀ $-3t^2-2t+1$は2次式なので平方完成をする！

$= -3\left(t^2+\dfrac{2}{3}t\right)+1$ ◀ -3でくくった

$= -3\left(t+\dfrac{1}{3}\right)^2+3\cdot\left(\dfrac{1}{3}\right)^2+1$ ◀ $t^2+\dfrac{2}{3}t=\left(t+\dfrac{1}{3}\right)^2-\left(\dfrac{1}{3}\right)^2$

$= -3\left(t+\dfrac{1}{3}\right)^2+\dfrac{1}{3}+1$ ◀ $3\cdot\left(\dfrac{1}{3}\right)^2=\dfrac{1}{3}$

$= -3\left(t+\dfrac{1}{3}\right)^2+\dfrac{4}{3}$ のようになる。

よって，
$S=\sqrt{-3t^2-2t+1}$

$= \sqrt{-3\left(t+\dfrac{1}{3}\right)^2+\dfrac{4}{3}}$ より， ◀ $-3t^2-2t+1=-3\left(t+\dfrac{1}{3}\right)^2+\dfrac{4}{3}$

$t=-\dfrac{1}{3}$ のときに S は最大になる ◀ $-3\left(t+\dfrac{1}{3}\right)^2$は0以下なので，$t=-\dfrac{1}{3}$のときに $-3\left(t+\dfrac{1}{3}\right)^2$は0となり最大になる！

ことが分かった！

そこで，
$t(=u)=-\dfrac{1}{3}$ のときに ◀ 四面体$A_1A_2A_3A_4$の表面積が最大になるとき！
△$A_1A_2A_3$ がどのような三角形になるのか考えてみよう。

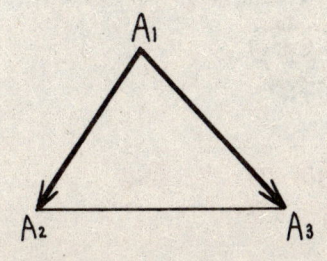

まず，(3)で求めた
$\begin{cases} |\overrightarrow{A_1A_2}|=\sqrt{2(1-t)} & \cdots\cdots Ⓐ' \\ |\overrightarrow{A_1A_3}|=\sqrt{2(1-u)} & \cdots\cdots Ⓑ' \\ \overrightarrow{A_1A_2}\cdot\overrightarrow{A_1A_3}=-2(t+u) & \cdots\cdots Ⓒ' \end{cases}$ に
$t=u=-\dfrac{1}{3}$ を代入してみると，

$$\begin{cases} |\overrightarrow{A_1A_2}| = \sqrt{2\left(1+\dfrac{1}{3}\right)} = \sqrt{\dfrac{8}{3}} \quad \cdots\cdots Ⓐ'' \\ |\overrightarrow{A_1A_3}| = \sqrt{2\left(1+\dfrac{1}{3}\right)} = \sqrt{\dfrac{8}{3}} \quad \cdots\cdots Ⓑ'' \\ \overrightarrow{A_1A_2}\cdot\overrightarrow{A_1A_3} = -2\left(-\dfrac{1}{3}-\dfrac{1}{3}\right) = \dfrac{4}{3} \quad \cdots\cdots Ⓒ'' \end{cases}$$

◀ $\sqrt{2\left(1+\dfrac{1}{3}\right)} = \sqrt{2\cdot\dfrac{4}{3}} = \sqrt{\dfrac{8}{3}}$

◀ $\sqrt{2\left(1+\dfrac{1}{3}\right)} = \sqrt{2\cdot\dfrac{4}{3}} = \sqrt{\dfrac{8}{3}}$

のようになるよね。

Ⓐ″とⒷ″から△$A_1A_2A_3$ は二等辺三角形であることが分かるけれど，$\overrightarrow{A_1A_2}\cdot\overrightarrow{A_1A_3} = \dfrac{4}{3}$ ……Ⓒ″ はよく分からない式だよね。

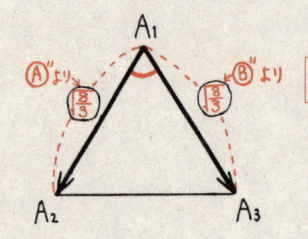

そこで，$\overrightarrow{A_1A_2}\cdot\overrightarrow{A_1A_3} = \dfrac{4}{3}$ ……Ⓒ″ を分かりやすい形に書き直そう。

まず，$\overrightarrow{A_1A_2}\cdot\overrightarrow{A_1A_3}$ は

$\boxed{\overrightarrow{A_1A_2}\cdot\overrightarrow{A_1A_3} = |\overrightarrow{A_1A_2}||\overrightarrow{A_1A_3}|\cos\angle A_2A_1A_3}$ …Ⓓ

と書き直すことができるよね。 ◀ Point 2.1

そこで，$\boxed{Ⓐ''とⒷ''とⒸ''をⒹに代入する}$ と，

$$\dfrac{4}{3} = \sqrt{\dfrac{8}{3}}\sqrt{\dfrac{8}{3}}\cos\angle A_2A_1A_3$$

$$\Leftrightarrow \dfrac{4}{3} = \dfrac{8}{3}\cos\angle A_2A_1A_3 \quad ◀ \sqrt{\dfrac{8}{3}}\sqrt{\dfrac{8}{3}} = \dfrac{8}{3}$$

$$\Leftrightarrow \cos\angle A_2A_1A_3 = \dfrac{1}{2}$$

$$\therefore \angle A_2A_1A_3 = 60°$$

が得られた！

◀ $0°\leqq\theta\leqq 180°$ において $\cos\theta=\dfrac{1}{2}$ を満たすθは $60°$ だけである！

よって，△$A_1A_2A_3$ は上図のようになるので
△$A_1A_2A_3$ は **正三角形** であることが分かる。
さらに，四面体 $A_1A_2A_3A_4$ はすべての面が等しい四面体なので
すべての面が **正三角形** であることが分かった。
よって，
四面体 $A_1A_2A_3A_4$ の表面積が最大になるとき，
四面体 $A_1A_2A_3A_4$ は正四面体である
ことがいえた。

◀ 正四面体のすべての面は 正三角形である！

空間図形に関する応用問題

[解答]

(1) $\vec{a_1}+\vec{a_2}+\vec{a_3}+\vec{a_4}=\vec{0}$ ……(∗)

$\Leftrightarrow \vec{a_1}+\vec{a_2}=-(\vec{a_3}+\vec{a_4})$ から ◀[考え方]参照

$|\vec{a_1}+\vec{a_2}|=|-(\vec{a_3}+\vec{a_4})|$ ◀ $\vec{a}=-\vec{b} \Rightarrow |\vec{a}|=|-\vec{b}|$

$\Leftrightarrow |\vec{a_1}+\vec{a_2}|=|\vec{a_3}+\vec{a_4}|$ ◀ $|-\vec{b}|=|\vec{b}|$

がいえるので,

$|\vec{a_1}+\vec{a_2}|^2=|\vec{a_3}+\vec{a_4}|^2$ ◀ $\vec{a_1}\cdot\vec{a_2}$ と $\vec{a_3}\cdot\vec{a_4}$ が出てくるように両辺を2乗した!

$\Leftrightarrow |\vec{a_1}|^2+2\vec{a_1}\cdot\vec{a_2}+|\vec{a_2}|^2=|\vec{a_3}|^2+2\vec{a_3}\cdot\vec{a_4}+|\vec{a_4}|^2$ ◀ Point 2.8

$\Leftrightarrow 1^2+2\vec{a_1}\cdot\vec{a_2}+1^2=1^2+2\vec{a_3}\cdot\vec{a_4}+1^2$ ◀ 問題文より $|\vec{a_1}|=|\vec{a_2}|=|\vec{a_3}|=|\vec{a_4}|=1$

∴ $\vec{a_1}\cdot\vec{a_2}=\vec{a_3}\cdot\vec{a_4}$ ……① ◀ 整理した

また,

$\vec{a_1}+\vec{a_2}+\vec{a_3}+\vec{a_4}=\vec{0}$ ……(∗)

$\Leftrightarrow \vec{a_2}+\vec{a_3}=-(\vec{a_1}+\vec{a_4})$ から ◀[考え方]参照

$|\vec{a_2}+\vec{a_3}|=|-(\vec{a_1}+\vec{a_4})|$ ◀ $\vec{a}=-\vec{b} \Rightarrow |\vec{a}|=|-\vec{b}|$

$\Leftrightarrow |\vec{a_2}+\vec{a_3}|=|\vec{a_1}+\vec{a_4}|$ ◀ $|-\vec{b}|=|\vec{b}|$

がいえるので,

$|\vec{a_2}+\vec{a_3}|^2=|\vec{a_1}+\vec{a_4}|^2$ ◀ $\vec{a_2}\cdot\vec{a_3}$ と $\vec{a_1}\cdot\vec{a_4}$ が出てくるように両辺を2乗した!

$\Leftrightarrow |\vec{a_2}|^2+2\vec{a_2}\cdot\vec{a_3}+|\vec{a_3}|^2=|\vec{a_1}|^2+2\vec{a_1}\cdot\vec{a_4}+|\vec{a_4}|^2$ ◀ Point 2.8

$\Leftrightarrow 1^2+2\vec{a_2}\cdot\vec{a_3}+1^2=1^2+2\vec{a_1}\cdot\vec{a_4}+1^2$ ◀ 問題文より $|\vec{a_1}|=|\vec{a_2}|=|\vec{a_3}|=|\vec{a_4}|=1$

∴ $\vec{a_2}\cdot\vec{a_3}=\vec{a_1}\cdot\vec{a_4}$ ……② ◀ 整理した

(q.e.d.)

(2)

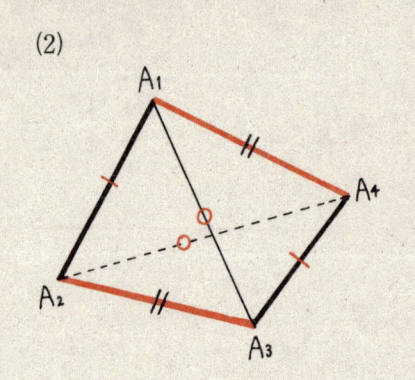

四面体 $A_1A_2A_3A_4$ の4つの
すべての面が合同になるためには
$\begin{cases} A_1A_2 = A_3A_4 \cdots\cdots ⓐ \\ A_2A_3 = A_1A_4 \cdots\cdots ⓑ \\ A_2A_4 = A_1A_3 \cdots\cdots ⓒ \end{cases}$
が成立していればいい ので、◀[考え方]参照

以下、ⓐ、ⓑ、ⓒを示す。

$\boxed{A_1A_2 = A_3A_4 \cdots\cdots ⓐ \text{ について}}$

$\quad A_1A_2 = A_3A_4 \cdots\cdots ⓐ$
$\Leftrightarrow |\overrightarrow{A_1A_2}| = |\overrightarrow{A_3A_4}|$ ◀考えやすくするためにベクトルを使って書き直した！
$\Leftrightarrow |-\overrightarrow{OA_1} + \overrightarrow{OA_2}| = |-\overrightarrow{OA_3} + \overrightarrow{OA_4}|$ ◀Point 1.9 を使って始点をOに書き直した
$\Leftrightarrow |-\vec{a_1} + \vec{a_2}| = |-\vec{a_3} + \vec{a_4}|$ ◀$\overrightarrow{OA_1} = \vec{a_1}, \overrightarrow{OA_2} = \vec{a_2}, \overrightarrow{OA_3} = \vec{a_3}, \overrightarrow{OA_4} = \vec{a_4}$
$\Leftrightarrow |-\vec{a_1} + \vec{a_2}|^2 = |-\vec{a_3} + \vec{a_4}|^2$ ◀変形できるように両辺を2乗した
$\Leftrightarrow |\vec{a_1}|^2 - 2\vec{a_1} \cdot \vec{a_2} + |\vec{a_2}|^2 = |\vec{a_3}|^2 - 2\vec{a_3} \cdot \vec{a_4} + |\vec{a_4}|^2$ ◀Point 2.8
$\Leftrightarrow \vec{a_1} \cdot \vec{a_2} = \vec{a_3} \cdot \vec{a_4} \cdots\cdots ①$ ◀問題文より $|\vec{a_1}| = |\vec{a_2}| = |\vec{a_3}| = |\vec{a_4}| = 1$
を考え、(1)より ◀$\vec{a_1} \cdot \vec{a_2} = \vec{a_3} \cdot \vec{a_4} \cdots\cdots ①$は(1)で示している！[Point 1.10]
$\underline{A_1A_2 = A_3A_4} \cdots\cdots ⓐ$ が成立することがいえる。

$\boxed{A_2A_3 = A_1A_4 \cdots\cdots ⓑ \text{ について}}$

同様に、◀ⓐと式変形が全く同じ！
$\quad A_2A_3 = A_1A_4 \cdots\cdots ⓑ$
$\Leftrightarrow \vec{a_2} \cdot \vec{a_3} = \vec{a_1} \cdot \vec{a_4} \cdots\cdots ②$ ◀[考え方]参照
を考え、(1)より ◀$\vec{a_2} \cdot \vec{a_3} = \vec{a_1} \cdot \vec{a_4} \cdots\cdots ②$は(1)で示している！[Point 1.10]
$\underline{A_2A_3 = A_1A_4} \cdots\cdots ⓑ$ が成立することがいえる。

$\boxed{A_2A_4 = A_1A_3 \cdots ⓒ}$ について

同様に、 ◀ⓐと式変形が全く同じ！

　　$A_2A_4 = A_1A_3 \cdots$ ⓒ

$\Leftrightarrow \underwave{\vec{a_2}\cdot\vec{a_4} = \vec{a_1}\cdot\vec{a_3}} \cdots$ ③　◀[考え方]参照

を考え、

以下、$\underwave{\vec{a_2}\cdot\vec{a_4} = \vec{a_1}\cdot\vec{a_3}} \cdots$ ③ を示す。

　　$\vec{a_1} + \vec{a_2} + \vec{a_3} + \vec{a_4} = \vec{0} \cdots (*)$

$\Leftrightarrow \underwave{\vec{a_2}+\vec{a_4} = -(\vec{a_1}+\vec{a_3})}$ から　◀[考え方]参照

　　$|\vec{a_2}+\vec{a_4}| = |-(\vec{a_1}+\vec{a_3})|$　◀ $\vec{a}=-\vec{b} \Rightarrow |\vec{a}|=|-\vec{b}|$

$\Leftrightarrow |\vec{a_2}+\vec{a_4}| = |\vec{a_1}+\vec{a_3}|$　◀ $|-\vec{b}|=|\vec{b}|$

がいえるので、

　　$|\vec{a_2}+\vec{a_4}|^2 = |\vec{a_1}+\vec{a_3}|^2$　◀ $\vec{a_2}\cdot\vec{a_4}$ と $\vec{a_1}\cdot\vec{a_3}$ が出てくるように両辺を2乗した！

$\Leftrightarrow |\vec{a_2}|^2 + 2\vec{a_2}\cdot\vec{a_4} + |\vec{a_4}|^2 = |\vec{a_1}|^2 + 2\vec{a_1}\cdot\vec{a_3} + |\vec{a_3}|^2$　◀Point 2.8

$\Leftrightarrow 1^2 + 2\vec{a_2}\cdot\vec{a_4} + 1^2 = 1^2 + 2\vec{a_1}\cdot\vec{a_3} + 1^2$　◀問題文より $\underwave{|\vec{a_1}|=|\vec{a_2}|=|\vec{a_3}|=|\vec{a_4}|=1}$

$\therefore \underwave{\vec{a_2}\cdot\vec{a_4} = \vec{a_1}\cdot\vec{a_3}} \cdots$ ③　◀整理した

よって、$A_2A_4 = A_1A_3 \cdots$ ⓒ $\Leftrightarrow \vec{a_2}\cdot\vec{a_4} = \vec{a_1}\cdot\vec{a_3} \cdots$ ③ を考え、

$\underwave{A_2A_4 = A_1A_3 \cdots ⓒ}$ が成立することがいえる。　　　(q.e.d.)

(3)

$S = \dfrac{1}{2}\sqrt{|\overrightarrow{A_1A_2}|^2|\overrightarrow{A_1A_3}|^2 - (\overrightarrow{A_1A_2}\cdot\overrightarrow{A_1A_3})^2} \cdots (\bigstar)$

を考え、　◀Point 6.1

$\underline{|\overrightarrow{A_1A_2}|^2}$ と $\underline{|\overrightarrow{A_1A_3}|^2}$ と $\underline{\overrightarrow{A_1A_2}\cdot\overrightarrow{A_1A_3}}$ について考える。

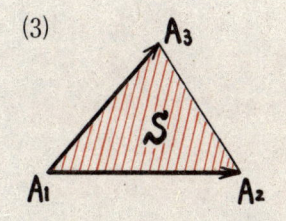

$\boxed{|\overrightarrow{A_1A_2}|^2 \text{について}}$

$|\overrightarrow{A_1A_2}|^2 = |-\overrightarrow{OA_1} + \overrightarrow{OA_2}|^2$ ◀ Point 1.9 を使って始点をOに書き直した！
$\quad = |-\vec{a_1} + \vec{a_2}|^2$ ◀ $\overrightarrow{OA_1} = \vec{a_1},\ \overrightarrow{OA_2} = \vec{a_2}$
$\quad = |\vec{a_1}|^2 - 2\vec{a_1}\cdot\vec{a_2} + |\vec{a_2}|^2$ ◀ Point 2.8
$\quad = 1^2 - 2t + 1^2$ ◀ $|\vec{a_1}| = |\vec{a_2}| = 1$ と $\vec{a_1}\cdot\vec{a_2} = t$ を代入した
$\quad = \underline{2(1-t)}$ …… Ⓐ ◀ $1 - 2t + 1 = 2 - 2t = \underline{2(1-t)}$

$\boxed{|\overrightarrow{A_1A_3}|^2 \text{について}}$

$|\overrightarrow{A_1A_3}|^2 = |-\overrightarrow{OA_1} + \overrightarrow{OA_3}|^2$ ◀ Point 1.9 を使って始点をOに書き直した！
$\quad = |-\vec{a_1} + \vec{a_3}|^2$ ◀ $\overrightarrow{OA_1} = \vec{a_1},\ \overrightarrow{OA_3} = \vec{a_3}$
$\quad = |\vec{a_1}|^2 - 2\vec{a_1}\cdot\vec{a_3} + |\vec{a_3}|^2$ ◀ Point 2.8
$\quad = 1^2 - 2u + 1^2$ ◀ $|\vec{a_1}| = |\vec{a_3}| = 1$ と $\vec{a_1}\cdot\vec{a_3} = u$ を代入した
$\quad = \underline{2(1-u)}$ …… Ⓑ ◀ $1 - 2u + 1 = 2 - 2u = \underline{2(1-u)}$

$\boxed{\overrightarrow{A_1A_2}\cdot\overrightarrow{A_1A_3} \text{について}}$

$\overrightarrow{A_1A_2}\cdot\overrightarrow{A_1A_3} = (-\overrightarrow{OA_1} + \overrightarrow{OA_2})\cdot(-\overrightarrow{OA_1} + \overrightarrow{OA_3})$ ◀ Point 1.9
$\quad = (-\vec{a_1} + \vec{a_2})\cdot(-\vec{a_1} + \vec{a_3})$ ◀ $\overrightarrow{OA_1} = \vec{a_1},\ \overrightarrow{OA_2} = \vec{a_2},\ \overrightarrow{OA_3} = \vec{a_3}$
$\quad = |\vec{a_1}|^2 - \vec{a_1}\cdot\vec{a_2} - \vec{a_1}\cdot\vec{a_3} + \vec{a_2}\cdot\vec{a_3}$ ◀ Point 2.7 を使って展開した
$\quad = 1 - t - u + \vec{a_2}\cdot\vec{a_3}$ ◀ $|\vec{a_1}| = 1$ と $\vec{a_1}\cdot\vec{a_2} = t$ と $\vec{a_1}\cdot\vec{a_3} = u$ を代入した
$\quad = 1 - t - u + \vec{a_1}\cdot\vec{a_4}$ ◀ (1)の $\vec{a_2}\cdot\vec{a_3} = \vec{a_1}\cdot\vec{a_4}$ ……②を使った！
$\quad = 1 - t - u + \vec{a_1}\cdot(-\vec{a_1} - \vec{a_2} - \vec{a_3})$ ◀ (※)を使って不要な $\vec{a_4}$ を消去した！
$\quad = 1 - t - u - |\vec{a_1}|^2 - \vec{a_1}\cdot\vec{a_2} - \vec{a_1}\cdot\vec{a_3}$ ◀ 展開した
$\quad = 1 - t - u - 1^2 - t - u$ ◀ $|\vec{a_1}| = 1$ と $\vec{a_1}\cdot\vec{a_2} = t$ と $\vec{a_1}\cdot\vec{a_3} = u$ を代入した
$\quad = \underline{-2(t+u)}$ …… Ⓒ ◀ $-2t - 2u = \underline{-2(t+u)}$

よって，Ⓐ と Ⓑ と Ⓒ より，

$S = \dfrac{1}{2}\sqrt{|\overrightarrow{A_1A_2}|^2|\overrightarrow{A_1A_3}|^2 - (\overrightarrow{A_1A_2}\cdot\overrightarrow{A_1A_3})^2}$ ……（★）

$= \dfrac{1}{2}\sqrt{2(1-t)\cdot 2(1-u) - 4(t+u)^2}$ ◀ⒶとⒷとⒸを代入した

$= \dfrac{1}{2}\sqrt{4\{(1-t-u+tu)-(t^2+2tu+u^2)\}}$ ◀展開した

$= \underline{\sqrt{1-t-u-tu-t^2-u^2}}\!/\!/$ ◀整理した

(4) (2)より， ◀Point 1.10
 S が最大になるときに四面体 $A_1A_2A_3A_4$ の表面積も最大になる
ことが分かるので， ◀四面体 $A_1A_2A_3A_4$ は等面四面体だから！
S が最大になる条件について考える。

まず，問題文の条件の $t = u$ より

$S = \sqrt{1-t-u-tu-t^2-u^2}$ ◀(3)の結果を使った！(Point 1.10)

$= \sqrt{1-t-t-t^2-t^2-t^2}$ ◀$t=u$を使ってuを消去した！

$= \sqrt{-3t^2-2t+1}$ ◀整理した

$= \sqrt{-3\left(t^2+\dfrac{2}{3}t\right)+1}$ ◀-3でくくった

$= \sqrt{-3\left(t+\dfrac{1}{3}\right)^2+\dfrac{4}{3}}$ がいえるので， ◀平方完成した（[考え方]参照）

$t = -\dfrac{1}{3}$ のときに S が最大になることが分かる。

よって，$t=u=-\dfrac{1}{3}$ のとき，　◀ $t=u$

$\begin{cases} |\overrightarrow{A_1A_2}|=\sqrt{2(1-t)} \cdots\cdots Ⓐ' \\ |\overrightarrow{A_1A_3}|=\sqrt{2(1-u)} \cdots\cdots Ⓑ' \\ \overrightarrow{A_1A_2}\cdot\overrightarrow{A_1A_3}=-2(t+u) \cdots\cdots Ⓒ \end{cases}$ は

◀ $|\overrightarrow{A_1A_2}|^2=2(1-t) \cdots\cdots Ⓐ$
◀ $|\overrightarrow{A_1A_3}|^2=2(1-u) \cdots\cdots Ⓑ$

$\begin{cases} |\overrightarrow{A_1A_2}|=\sqrt{\dfrac{8}{3}} \cdots\cdots Ⓐ'' \\ |\overrightarrow{A_1A_3}|=\sqrt{\dfrac{8}{3}} \cdots\cdots Ⓑ'' \\ \overrightarrow{A_1A_2}\cdot\overrightarrow{A_1A_3}=\dfrac{4}{3} \cdots\cdots Ⓒ' \end{cases}$ となり，　◀ $t=u=-\dfrac{1}{3}$ を代入した（[考え方]参照）

さらに，Ⓐ''とⒷ''とⒸ'から

$\overrightarrow{A_1A_2}\cdot\overrightarrow{A_1A_3}=|\overrightarrow{A_1A_2}||\overrightarrow{A_1A_3}|\cos\angle A_2A_1A_3$　◀ Point 2.1

$\Leftrightarrow \dfrac{4}{3}=\sqrt{\dfrac{8}{3}}\sqrt{\dfrac{8}{3}}\cos\angle A_2A_1A_3$　◀ Ⓐ''とⒷ''とⒸ'を代入した

$\Leftrightarrow \cos\angle A_2A_1A_3=\dfrac{1}{2}$　◀ 整理した

∴　$\angle A_2A_1A_3=60°$ ……Ⓓ が得られるので，

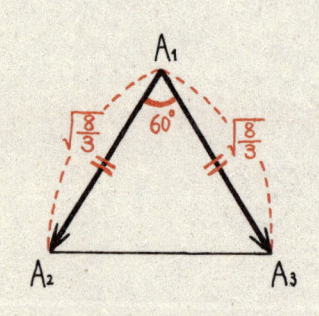

Ⓐ''とⒷ''とⒹより，
S が最大になるとき
△$A_1A_2A_3$ は正三角形になる
ことが分かる。　◀ 左図を見よ

よって，四面体 $A_1A_2A_3A_4$ は等面四面体であることを考え，

四面体 $A_1A_2A_3A_4$ の表面積が最大となるとき

四面体 $A_1A_2A_3A_4$ は正四面体であることがいえる。　　(q.e.d.)

総合演習 4

四面体 OABC において，$\vec{a}=\overrightarrow{OA}$, $\vec{b}=\overrightarrow{OB}$, $\vec{c}=\overrightarrow{OC}$ とする。
$|\vec{a}|=|\vec{b}|=|\vec{c}|=1$, $\vec{a}\cdot\vec{b}=\vec{b}\cdot\vec{c}=\vec{c}\cdot\vec{a}=t$ とするとき，
(1) △ABC は正三角形であることを示せ。
(2) 四面体 OABC の体積 V を t を用いて表せ。

[考え方]

(1)

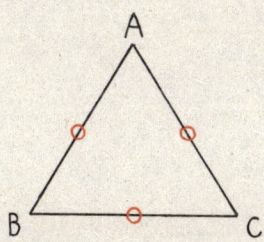

まず，
△ABC が正三角形であることを示すためには
AB＝BC＝CA ……（*）　◀3辺の長さが等しい！
を示せばいい よね。　◀左図を見よ

さらに，
AB＝BC＝CA ……（*）をベクトルを使って書き直すと　◀考えやすくする！
$|\overrightarrow{AB}|=|\overrightarrow{BC}|=|\overrightarrow{CA}|$ ……（*）' のようになるので，

以下，$|\overrightarrow{AB}|$ と $|\overrightarrow{BC}|$ と $|\overrightarrow{CA}|$ について考えよう。

$\boxed{|\overrightarrow{AB}|\text{ について}}$

$|\overrightarrow{AB}|=|-\overrightarrow{OA}+\overrightarrow{OB}|$　◀問題文の条件が使えるように Point 1.9 を使って始点を O に書き直した！
　　　$=|-\vec{a}+\vec{b}|$ より，　◀$\overrightarrow{OA}=\vec{a}$, $\overrightarrow{OB}=\vec{b}$

$|\overrightarrow{AB}|^2=|-\vec{a}+\vec{b}|^2$　◀変形できるように両辺を2乗した
　　　$=|\vec{a}|^2-2\vec{a}\cdot\vec{b}+|\vec{b}|^2$　◀Point 2.8 を使って展開した
　　　$=1^2-2t+1^2$　◀$|\vec{a}|=|\vec{b}|=1$ と $\vec{a}\cdot\vec{b}=t$ を代入した
　　　$=2(1-t)$ がいえるので，　◀$1-2t+1=2-2t=2(1-t)$

$|\overrightarrow{AB}|=\sqrt{2(1-t)}$ ……① が得られる。

$|\vec{BC}|$ について

$|\vec{BC}| = |-\vec{OB} + \vec{OC}|$　◀ 問題文の条件が使えるように Point 1.9 を使って始点を O に書き直した！

$\quad = |-\vec{b} + \vec{c}|$ より，　◀ $\vec{OB} = \vec{b}, \vec{OC} = \vec{c}$

$|\vec{BC}|^2 = |-\vec{b} + \vec{c}|^2$　◀ 変形できるように両辺を2乗した

$\quad = |\vec{b}|^2 - 2\vec{b} \cdot \vec{c} + |\vec{c}|^2$　◀ Point 2.8 を使って展開した

$\quad = 1^2 - 2t + 1^2$　◀ $|\vec{b}| = |\vec{c}| = 1$ と $\vec{b} \cdot \vec{c} = t$ を代入した

$\quad = 2(1-t)$ がいえるので，　◀ $1 - 2t + 1 = 2 - 2t = 2(1-t)$

$|\vec{BC}| = \sqrt{2(1-t)}$ ……② が得られる。

$|\vec{CA}|$ について

$|\vec{CA}| = |-\vec{OC} + \vec{OA}|$　◀ 問題文の条件が使えるように Point 1.9 を使って始点を O に書き直した！

$\quad = |-\vec{c} + \vec{a}|$ より，　◀ $\vec{OC} = \vec{c}, \vec{OA} = \vec{a}$

$|\vec{CA}|^2 = |-\vec{c} + \vec{a}|^2$　◀ 変形できるように両辺を2乗した

$\quad = |\vec{c}|^2 - 2\vec{c} \cdot \vec{a} + |\vec{a}|^2$　◀ Point 2.8 を使って展開した

$\quad = 1^2 - 2t + 1^2$　◀ $|\vec{c}| = |\vec{a}| = 1$ と $\vec{c} \cdot \vec{a} = t$ を代入した

$\quad = 2(1-t)$ がいえるので，　◀ $1 - 2t + 1 = 2 - 2t = 2(1-t)$

$|\vec{CA}| = \sqrt{2(1-t)}$ ……③ が得られる。

よって，①と②と③から
$|\vec{AB}| = |\vec{BC}| = |\vec{CA}| \ [= \sqrt{2(1-t)}]$ がいえるので，
△ABC は正三角形であることが示せた。

[Intro]
(2)

まず，**Point 3.4** より，四面体の体積 V は
$$V = \frac{1}{3} \cdot S \cdot h$$
◀ $V = \frac{1}{3} \cdot (底面積) \cdot (高さ)$

と表すことができるよね。

また，(1)で，△ABC が一辺の長さが $\sqrt{2(1-t)}$ の正三角形であることが示せたので，

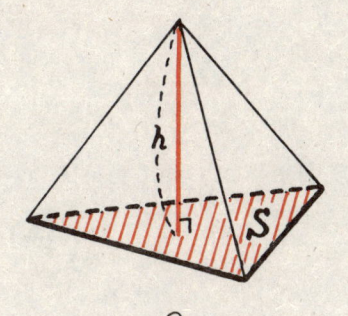

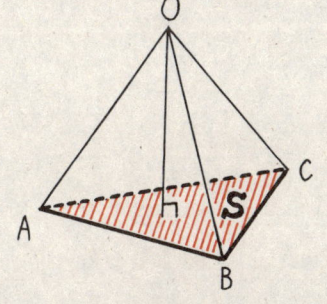

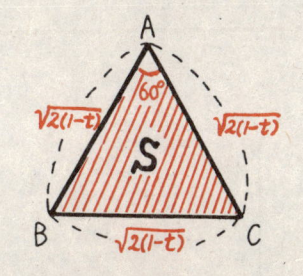

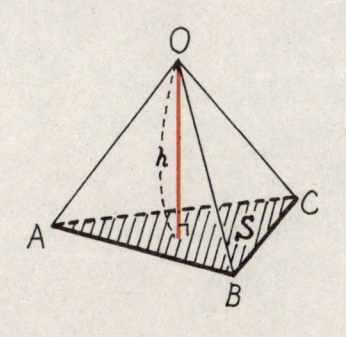

底面積 S は
P.102の「三角形の面積の公式」を使って
$$S = \frac{1}{2}\sqrt{2(1-t)}\sqrt{2(1-t)}\sin 60°$$
$$= \frac{1}{2} \cdot 2(1-t) \cdot \frac{\sqrt{3}}{2}$$
◀ $\sin 60° = \frac{\sqrt{3}}{2}$
$$= \frac{\sqrt{3}}{2}(1-t)$$ のように

簡単に求めることができるよね。

つまり，この問題では
"高さ h をどうやって求めるのか"
がポイントになるのである。

一見すると **高さ h** を求めるのは難しそうな気がするけれど，

実は，この問題の四面体は非常に特殊な形をしているので，次の [考え方] のように 簡単に h を求めることができるのである！

[考え方]
(2)

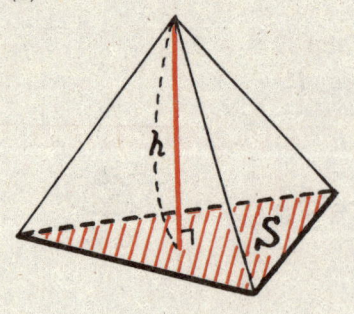

まず、四面体の体積 V は
$$V = \frac{1}{3} \cdot S \cdot h \quad \cdots\cdots (\bigstar)$$
◀ $\frac{1}{3} \cdot (底面積) \cdot (高さ)$

と書けるので、 ◀ Point 3.4

以下、

高さ h と底面積 S について考えよう。

四面体 OABC の高さ h について

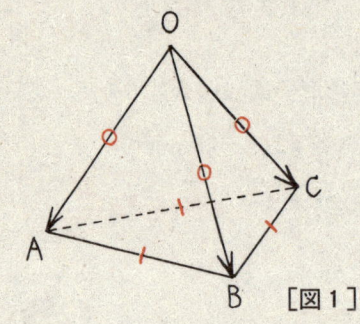

まず、
問題文の「$|\vec{a}|=|\vec{b}|=|\vec{c}|=1$」と
(1)の「△ABC は正三角形である」
を考え、四面体 OABC を図示すると
[図1] のようになるよね。

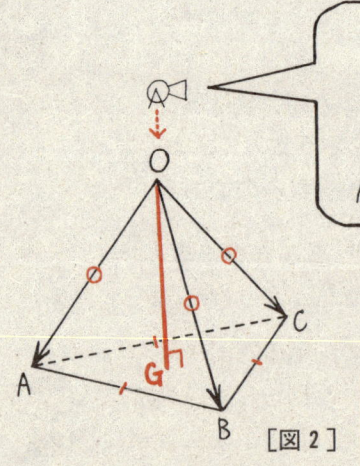

◀ 四面体 OABC を
O の真上から見ると、
O と垂線の足 G は
一致してみえる！

四面体 OABC は [図2] のように、
O の真上から見れば
対称性のある図形になっているので、

O から △ABC に垂線の足を下ろすと、
その垂線の足 G は
△ABC の重心になる よね。

◀ よく分からなければ
次のページの説明を
見よ！

空間図形に関する応用問題　99

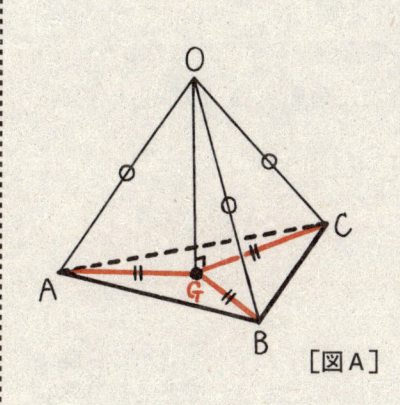

▶ O から △ABC に垂線を下ろすと，対称性を考え，◀[図2]を見よ！
その垂線の足 G は
[図A] のようになるよね。

[図A]

また，一般に，
正三角形 ABC の重心は
[図B] のようになっているよね。

[図A] と [図B] から，
[図A] の垂線の足 G と
[図B] の △ABC の重心は全く
同じ位置にあることが分かるよね。

よって，
[図A] の垂線の足 G は
△ABC の重心になっている
ことが分かった！

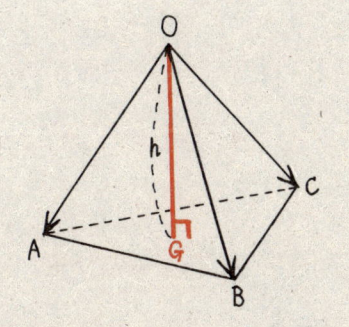

[図B]

そこで，
四面体 OABC の高さ h を求めるために，
△ABC の重心 G について考えよう。

まず，重心 G に関しては，
Section 1（平面図形編の別冊の P.8）で
次の「**三角形の重心の公式の一般形**」を
勉強したよね。

Point 1.11 〈三角形の重心の公式の一般形〉

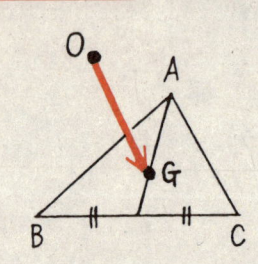

点 G を左図のような三角形 ABC の重心とすると

$$\overrightarrow{OG} = \frac{1}{3}(\overrightarrow{OA} + \overrightarrow{OB} + \overrightarrow{OC})$$

がいえる。 ◀ O はどこにあってもよい！

実は，この **Point 1.11** は，次のように O の位置が △ABC を含む平面上になくても成立するのである。

Point 6.2 〈空間における三角形の重心の公式〉

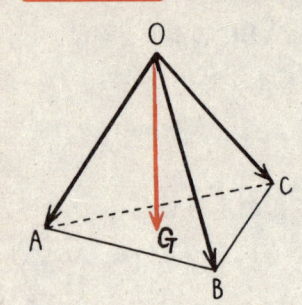

点 G を左図のような三角形 ABC の重心とすると

$$\overrightarrow{OG} = \frac{1}{3}(\overrightarrow{OA} + \overrightarrow{OB} + \overrightarrow{OC})$$

がいえる。 ◀ O はどこにあってもよい！

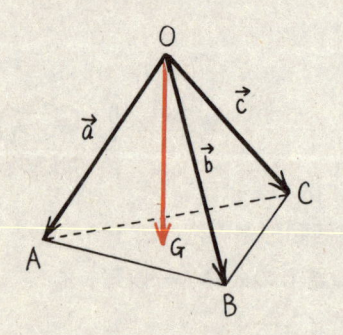

Point 6.2 より

$$\overrightarrow{OG} = \frac{1}{3}(\overrightarrow{OA} + \overrightarrow{OB} + \overrightarrow{OC})$$
$$= \frac{1}{3}(\vec{a} + \vec{b} + \vec{c})$$

◀ $\overrightarrow{OA} = \vec{a}, \overrightarrow{OB} = \vec{b}, \overrightarrow{OC} = \vec{c}$

がいえるので，

$$|\overrightarrow{OG}| = \frac{1}{3}|\vec{a} + \vec{b} + \vec{c}|$$

◀ $\vec{a} = \vec{b} \Rightarrow |\vec{a}| = |\vec{b}|$

がいえるよね。

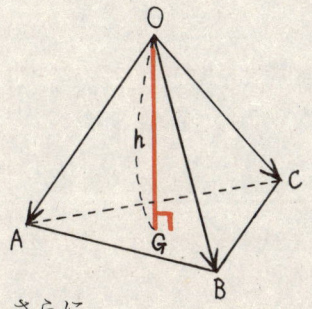

よって,
$$h = \frac{1}{3}|\vec{a}+\vec{b}+\vec{c}| \quad \cdots\cdots ④ \quad \blacktriangleleft h=|\overrightarrow{OG}|$$
が得られる。 ◀とりあえず h を式で表すことができた!

さらに,
$$|\vec{a}+\vec{b}+\vec{c}|^2 \quad \blacktriangleleft |\vec{a}+\vec{b}+\vec{c}| を求めるために2乗した!$$
$$= |\vec{a}|^2+|\vec{b}|^2+|\vec{c}|^2 + 2(\vec{a}\cdot\vec{b}+\vec{b}\cdot\vec{c}+\vec{c}\cdot\vec{a}) \quad \blacktriangleleft 展開した$$
$$= 1^2+1^2+1^2+2(t+t+t) \quad \blacktriangleleft |\vec{a}|=|\vec{b}|=|\vec{c}|=1, \vec{a}\cdot\vec{b}=\vec{b}\cdot\vec{c}=\vec{c}\cdot\vec{a}=t$$
$$= 3(1+2t) を考え, \quad \blacktriangleleft 1+1+1+2(t+t+t) = 3+2\cdot 3t = 3(1+2t)$$
$$h = \frac{1}{3}|\vec{a}+\vec{b}+\vec{c}| \quad \cdots\cdots ④$$
$$= \frac{1}{3}\sqrt{3(1+2t)} \quad \cdots\cdots ④' \quad \blacktriangleleft |\vec{a}+\vec{b}+\vec{c}| = \sqrt{3(1+2t)} を代入した$$
が得られる。 ◀h が求められた!

四面体 OABC の**底面積** S (△ABC の面積) について

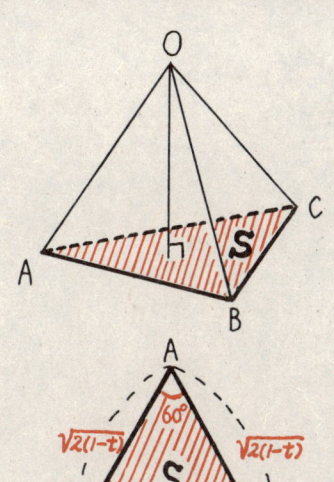

まず, (1)を考え, ◀Point 1.10
底面の △ABC は
[図3] のような正三角形である
ことが分かるよね。

よって,
$$S = \frac{1}{2}\cdot\sqrt{2(1-t)}\sqrt{2(1-t)}\sin 60° \quad \blacktriangleleft 《注》を見よ$$
$$= \frac{1}{2}\cdot 2(1-t)\cdot\frac{\sqrt{3}}{2} \quad \blacktriangleleft \sin 60° = \frac{\sqrt{3}}{2}$$
$$= \frac{\sqrt{3}}{2}(1-t) \quad \cdots\cdots ⑤$$
が得られる。 ◀S が求められた!

[図3]

(注)

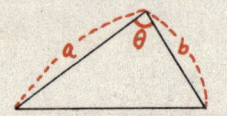

> **─三角形の面積の公式─**
>
> 左図のような三角形の面積 S は
>
> $S = \dfrac{1}{2}ab\sin\theta$ である。

以上より，

$$\begin{cases} h = \dfrac{1}{3}\sqrt{3(1+2t)} \cdots\cdots ④' \\ S = \dfrac{\sqrt{3}}{2}(1-t) \cdots\cdots ⑤ \end{cases}$$ が得られたので，

$V = \dfrac{1}{3} \cdot S \cdot h \cdots\cdots (\bigstar)$ ◀ Point 3.4

$= \dfrac{1}{3} \cdot \dfrac{\sqrt{3}}{2}(1-t) \cdot \dfrac{1}{3}\sqrt{3(1+2t)}$ ◀ ④'と⑤を代入した

$= \dfrac{1}{3} \cdot \dfrac{\sqrt{3}}{2}(1-t) \cdot \dfrac{\sqrt{3}}{3}\sqrt{1+2t}$ ◀ $\sqrt{3a} = \sqrt{3}\sqrt{a}$

$= \dfrac{1}{3} \cdot \dfrac{3}{2}(1-t) \cdot \dfrac{1}{3}\sqrt{1+2t}$ ◀ $\sqrt{3}\cdot\sqrt{3}=3$

$= \dfrac{1}{6}(1-t)\sqrt{1+2t}$ ◀ Vが求められた！

[解答]

(1) $|\vec{AB}|^2 = |-\vec{a}+\vec{b}|^2$ ◀ $\vec{AB} = -\vec{OA}+\vec{OB} = -\vec{a}+\vec{b}$
$= |\vec{a}|^2 - 2\vec{a}\cdot\vec{b} + |\vec{b}|^2$ ◀ Point 2.8 を使って展開した
$= 1^2 - 2t + 1^2$ ◀ $|\vec{a}|=|\vec{b}|=1$ と $\vec{a}\cdot\vec{b}=t$ を代入した
$= 2(1-t)$ より ◀ $1-2t+1 = 2-2t = 2(1-t)$

$|\vec{AB}| = \sqrt{2(1-t)}$ がいえる。

また，
$|\vec{BC}|[=|-\vec{b}+\vec{c}|]$ と $|\vec{CA}|[=|-\vec{c}+\vec{a}|]$ についても全く同様に

$\begin{cases} |\vec{BC}| = \sqrt{2(1-t)} \\ |\vec{CA}| = \sqrt{2(1-t)} \end{cases}$ がいえるので， ◀[考え方]参照

AB=BC=CA がいえる。 ◀ $|\vec{AB}|=|\vec{BC}|=|\vec{CA}|[=\sqrt{2(1-t)}]$

よって，
△ABC は正三角形である。 (q.e.d.)

(2)

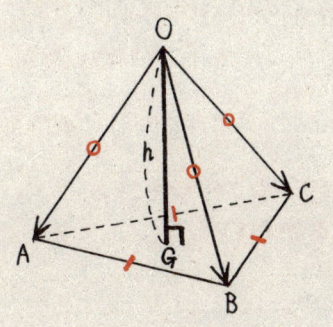

O から △ABC に下ろした垂線の足を G とすると，

問題文の「OA=OB=OC」と (1)の「△ABC は正三角形」から G は △ABC の重心になることが分かる。 ◀[考え方]参照

よって、

$$\vec{OG} = \frac{1}{3}(\vec{a} + \vec{b} + \vec{c}) \text{ がいえる}$$

ので、 ◀ Point 6.2

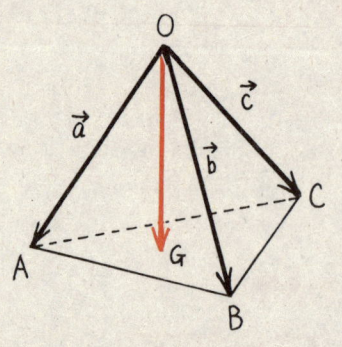

四面体 OABC の高さ $|\vec{OG}|$ は、

$|\vec{OG}|^2 = \left\{\frac{1}{3}|\vec{a} + \vec{b} + \vec{c}|\right\}^2$ ◀ $|\vec{OG}| = \frac{1}{3}|\vec{a}+\vec{b}+\vec{c}|$ を2乗した

$= \frac{1}{9}\{|\vec{a}|^2 + |\vec{b}|^2 + |\vec{c}|^2 + 2(\vec{a}\cdot\vec{b} + \vec{b}\cdot\vec{c} + \vec{c}\cdot\vec{a})\}$

$= \frac{1}{9}\{1^2 + 1^2 + 1^2 + 2(t + t + t)\}$

$= \frac{1}{9}\cdot 3(1 + 2t)$ ◀ $3 + 2\cdot 3t = 3(1+2t)$

$= \frac{1}{3}(1 + 2t)$ を考え、

$|\vec{OG}| = \frac{1}{\sqrt{3}}\sqrt{1 + 2t}$ ……① のようになる。

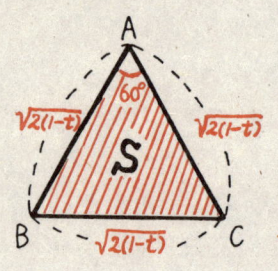

また、(1)を考え、 ◀ Point 1.10 (前の問題の結果を使う)
四面体 OABC の底面の △ABC の面積 S は

$S = \frac{1}{2}\sqrt{2(1-t)}\sqrt{2(1-t)}\sin 60°$ ◀ P.102の((注))を見よ

$= \frac{\sqrt{3}}{2}(1 - t)$ ……② のようになる。 ◀ $\sin 60° = \frac{\sqrt{3}}{2}$

◀ (1)より、△ABCは1辺の長さが $\sqrt{2(1-t)}$ の正三角形であることが分かっている!

よって、①と②より、

$V = \frac{1}{3}\cdot\frac{\sqrt{3}}{2}(1-t)\cdot\frac{1}{\sqrt{3}}\sqrt{1+2t}$ ◀ $V = \frac{1}{3}\cdot S\cdot h$ (Point 3.4)

$= \frac{1}{6}(1-t)\sqrt{1+2t}$ ◀ $\frac{1}{3}\cdot\frac{\sqrt{3}}{2}(1-t)\cdot\frac{1}{\sqrt{3}}\sqrt{1+2t}$

総合演習 5

四面体 ABCD の内部に点 P をとる。正の実数 $\alpha, \beta, \gamma, \delta$ に対して
$$\alpha\overrightarrow{AP} + \beta\overrightarrow{BP} + \gamma\overrightarrow{CP} + \delta\overrightarrow{DP} = \vec{0}$$
が成り立つとき，次の各問いに答えよ。

(1) $\overrightarrow{AB} = \vec{b}$, $\overrightarrow{AC} = \vec{c}$, $\overrightarrow{AD} = \vec{d}$ とするとき，$\overrightarrow{AP}$ を $\vec{b}, \vec{c}, \vec{d}$ を用いて表せ。

(2) 直線 AP と平面 BCD の交点を E とする。$\overrightarrow{AE} = k\overrightarrow{AP}$ とするとき，実数 k を求めよ。

(3) 四面体 ABCD の体積を V とするとき，四面体 PBCD の体積 V_A を V を用いて表せ。

[考え方]

(1) これは簡単だよね。

$\overrightarrow{AB} = \vec{b}$, $\overrightarrow{AC} = \vec{c}$, $\overrightarrow{AD} = \vec{d}$ を使うために $\alpha\overrightarrow{AP} + \beta\overrightarrow{BP} + \gamma\overrightarrow{CP} + \delta\overrightarrow{DP} = \vec{0}$ のすべてを始点を A に書き直す と，

$\alpha\overrightarrow{AP} + \beta\overrightarrow{BP} + \gamma\overrightarrow{CP} + \delta\overrightarrow{DP} = \vec{0}$
$\Leftrightarrow \alpha\overrightarrow{AP} + \beta(-\overrightarrow{AB} + \overrightarrow{AP}) + \gamma(-\overrightarrow{AC} + \overrightarrow{AP}) + \delta(-\overrightarrow{AD} + \overrightarrow{AP}) = \vec{0}$ ◀ Point1.9
$\Leftrightarrow \alpha\overrightarrow{AP} - \beta\vec{b} + \beta\overrightarrow{AP} - \gamma\vec{c} + \gamma\overrightarrow{AP} - \delta\vec{d} + \delta\overrightarrow{AP} = \vec{0}$ ◀ $\overrightarrow{AB}=\vec{b}, \overrightarrow{AC}=\vec{c}, \overrightarrow{AD}=\vec{d}$
$\Leftrightarrow (\alpha + \beta + \gamma + \delta)\overrightarrow{AP} = \beta\vec{b} + \gamma\vec{c} + \delta\vec{d}$ ◀ 整理した
$\therefore \overrightarrow{AP} = \dfrac{1}{\alpha + \beta + \gamma + \delta}(\beta\vec{b} + \gamma\vec{c} + \delta\vec{d})$ が得られる。 ◀ 両辺を$\alpha+\beta+\gamma+\delta$で割って $\overrightarrow{AP}$について解いた

(2)

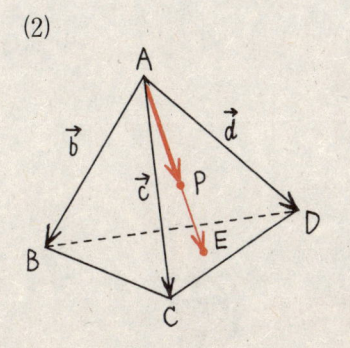

まず，$\overrightarrow{AE} = k\overrightarrow{AP}$ を満たす k を求めるためには k の関係式を求めればいい よね。

そこで，以下 **例題 18** と同様に，$\overrightarrow{AE}$ を 2 通りの形で表し，**Point 4.1** を使うことにより，k の関係式を導こう。

$\overrightarrow{AE}$ の1通りの表し方について

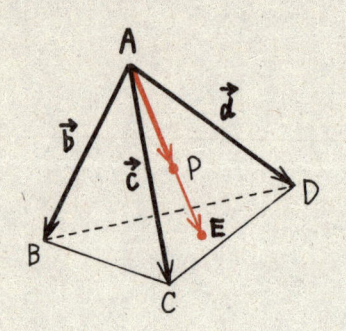

まず, (1) の
$$\overrightarrow{AP} = \frac{1}{\alpha+\beta+\gamma+\delta}(\beta\vec{b}+\gamma\vec{c}+\delta\vec{d})$$
を考え, ◀ Point 1.10（前の問題の結果を使う!）
$$\overrightarrow{AE} = k\overrightarrow{AP}$$
$$= \frac{k}{\alpha+\beta+\gamma+\delta}(\beta\vec{b}+\gamma\vec{c}+\delta\vec{d}) \cdots\cdots ①$$
が得られる。

$\overrightarrow{AE}$ のもう1通りの表し方について

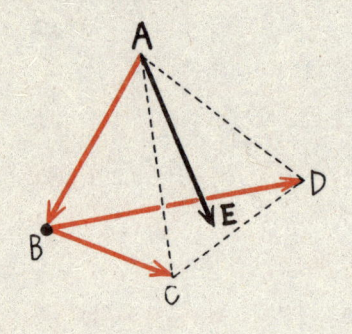

まず, 左図のように

点Eは"点Bを通る平面BCD上の点"なので,
$\overrightarrow{AE}$ は平面BCD上の1次独立な2つのベクトル $\overrightarrow{BC}$, $\overrightarrow{BD}$ を使って
$$\overrightarrow{AE} = \overrightarrow{AB} + x\overrightarrow{BC} + y\overrightarrow{BD} \cdots\cdots ②$$
[x と y はパラメーター]

と表せる よね。◀ Point 5.2

さらに,
$$\begin{cases} \overrightarrow{AB} = \vec{b} \\ \overrightarrow{BC} = -\overrightarrow{AB} + \overrightarrow{AC} = -\vec{b}+\vec{c} \quad \text{◀ Point 1.9} \\ \overrightarrow{BD} = -\overrightarrow{AB} + \overrightarrow{AD} = -\vec{b}+\vec{d} \quad \text{◀ Point 1.9} \end{cases}$$

がいえるので,
$$\overrightarrow{AE} = \overrightarrow{AB} + x\overrightarrow{BC} + y\overrightarrow{BD} \cdots\cdots ②$$
$$= \vec{b} + x(-\vec{b}+\vec{c}) + y(-\vec{b}+\vec{d})$$
$$= (1-x-y)\vec{b} + x\vec{c} + y\vec{d} \cdots\cdots ②' \quad \text{◀ 整理した}$$

が得られる。

以上より，
$$\begin{cases} \overrightarrow{AE} = \dfrac{k}{\alpha+\beta+\gamma+\delta}(\beta\vec{b}+\gamma\vec{c}+\delta\vec{d}) \cdots\cdots ① \\ \overrightarrow{AE} = (1-x-y)\vec{b}+x\vec{c}+y\vec{d} \cdots\cdots ②' \end{cases}$$
が得られた。 ◀ $\overrightarrow{AE}$ を $\vec{b},\vec{c},\vec{d}$ を使って2通りの形で表すことができた！

①と②'から，$\overrightarrow{AE}=\overrightarrow{AE}$ を考え
$$\dfrac{\beta k}{\alpha+\beta+\gamma+\delta}\vec{b} + \dfrac{\gamma k}{\alpha+\beta+\gamma+\delta}\vec{c} + \dfrac{\delta k}{\alpha+\beta+\gamma+\delta}\vec{d} = (1-x-y)\vec{b}+x\vec{c}+y\vec{d}$$
が得られるよね。

よって，**Point 4.1** を考え，
$$\begin{cases} \dfrac{\beta k}{\alpha+\beta+\gamma+\delta} = 1-x-y \cdots\cdots ⓐ \\ \dfrac{\gamma k}{\alpha+\beta+\gamma+\delta} = x \cdots\cdots ⓑ \\ \dfrac{\delta k}{\alpha+\beta+\gamma+\delta} = y \cdots\cdots ⓒ \end{cases}$$
◀ ($\vec{b}$ の係数)=($\vec{b}$ の係数)
◀ ($\vec{c}$ の係数)=($\vec{c}$ の係数)
◀ ($\vec{d}$ の係数)=($\vec{d}$ の係数)

がいえるので，

ⓐ+ⓑ+ⓒ より，◀ $(1-x-y)+x+y=1$ に着目して不要な x と y を消去する！

$$\dfrac{\beta k}{\alpha+\beta+\gamma+\delta} + \dfrac{\gamma k}{\alpha+\beta+\gamma+\delta} + \dfrac{\delta k}{\alpha+\beta+\gamma+\delta} = (1-x-y)+x+y$$

$\Leftrightarrow \dfrac{\beta k}{\alpha+\beta+\gamma+\delta} + \dfrac{\gamma k}{\alpha+\beta+\gamma+\delta} + \dfrac{\delta k}{\alpha+\beta+\gamma+\delta} = 1$ ◀ x と y が消えた！

$\Leftrightarrow \beta k + \gamma k + \delta k = \alpha+\beta+\gamma+\delta$ ◀ 両辺に $\alpha+\beta+\gamma+\delta$ を掛けて分母を払った

$\Leftrightarrow (\beta+\gamma+\delta)k = \alpha+\beta+\gamma+\delta$ ◀ k でくくった

$\therefore\ k = \dfrac{\alpha+\beta+\gamma+\delta}{\beta+\gamma+\delta}$ ◀ k が求められた！

(3) まず，準備として次の**補題**をやっておこう。

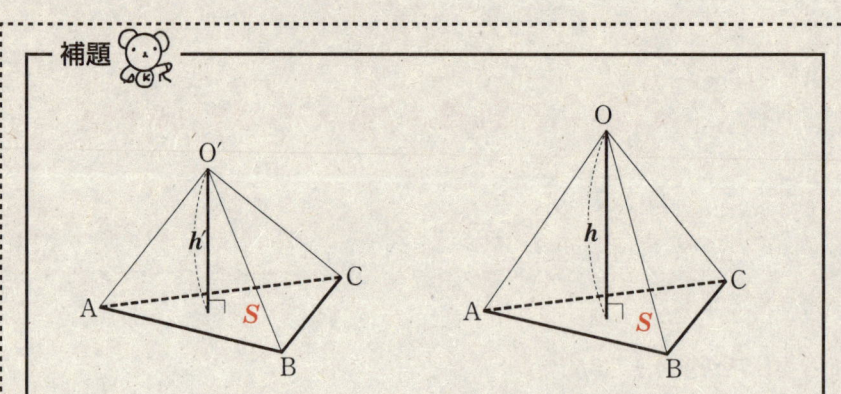

補題

上図のような四面体 O'ABC（底面積 S，高さ h'）の体積 V' を四面体 OABC（底面積 S，高さ h）の体積 V を用いて表せ。

[補題の考え方と解答]

まず，**Point 3.4** より

$$\begin{cases} V' = \dfrac{1}{3} \cdot S \cdot h' \quad \cdots\cdots \text{①} \\ V = \dfrac{1}{3} \cdot S \cdot h \quad \cdots\cdots \text{②} \end{cases}$$ がいえるよね。

①と②は $\dfrac{1}{3} \cdot S$ を共通にもっているので，$\dfrac{①}{②}$ を考え $\dfrac{1}{3} \cdot S$ を消去すると，　◀ $\dfrac{1}{3} \cdot S$ を消去して V' と V の関係式を求める！

$$\dfrac{V'}{V} = \dfrac{\dfrac{1}{3} \cdot S \cdot h'}{\dfrac{1}{3} \cdot S \cdot h}$$

$\Leftrightarrow \dfrac{V'}{V} = \dfrac{h'}{h}$　◀ 分母分子の $\dfrac{1}{3} \cdot S$ を約分した

$\therefore V' = \dfrac{h'}{h} V$　が得られた。　◀ 両辺に V を掛けて V' について解いた

この **補題** を踏まえて V_A を V を用いて表してみよう。

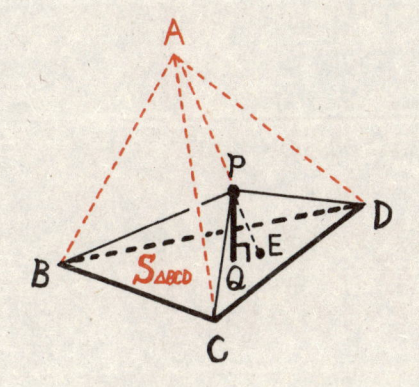

まず，左図のように
P から △BCD に下ろした垂線の足を
Q とおき，△BCD の面積を $S_{\triangle BCD}$
とおくと，
四面体 PBCD の体積 V_A は
$$V_A = \frac{1}{3} \cdot S_{\triangle BCD} \cdot PQ \quad \cdots\cdots Ⓐ$$
と書けるよね。 ◀ Point 3.4

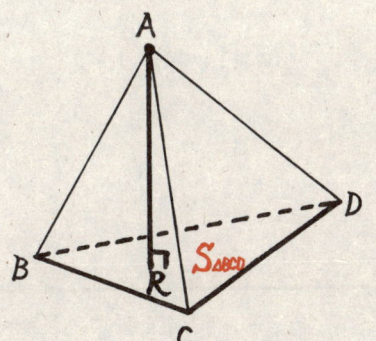

また，左図のように
A から △BCD に下ろした垂線の足を
R とおくと，
四面体 ABCD の体積 V は
$$V = \frac{1}{3} \cdot S_{\triangle BCD} \cdot AR \quad \cdots\cdots Ⓑ$$
と書けるよね。 ◀ Point 3.4

Ⓐ と Ⓑ は $\frac{1}{3} \cdot S_{\triangle BCD}$ を共通にもっているので，$\dfrac{Ⓐ}{Ⓑ}$ を考え $\frac{1}{3} \cdot S_{\triangle BCD}$ を消去すると， ◀ $\frac{1}{3} \cdot S_{\triangle BCD}$ を消去して V_A と V の関係式を求める！

$$\frac{V_A}{V} = \frac{\frac{1}{3} \cdot S_{\triangle BCD} \cdot PQ}{\frac{1}{3} \cdot S_{\triangle BCD} \cdot AR}$$

$\Leftrightarrow \dfrac{V_A}{V} = \dfrac{PQ}{AR}$ ◀ 分母分子の $\frac{1}{3} \cdot S_{\triangle BCD}$ を約分した

$\therefore V_A = \dfrac{PQ}{AR} V \quad \cdots\cdots Ⓒ$ が得られた。 ◀ 両辺に V を掛けて V_A について解いた

よって，あとは $\dfrac{PQ}{AR}$ を求めればいいよね。

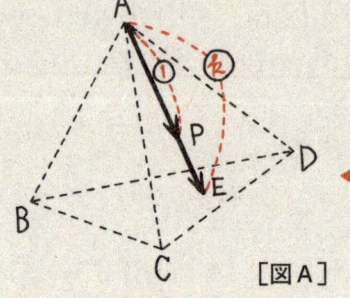

まず，(2)の $\overrightarrow{AE}=k\overrightarrow{AP}$ を考え，[図A] が得られるよね。

◀ $\overrightarrow{AP}$ の大きさを1とすると，$\overrightarrow{AE}=k\overrightarrow{AP}$ より $\overrightarrow{AE}$ の大きさは $k\cdot 1=k$ となる

[図A]

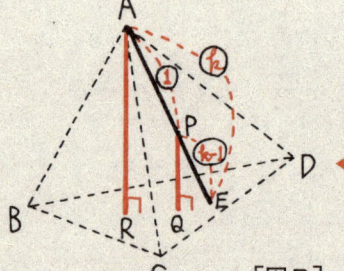

さらに，[図A] から [図B] が得られる。

◀ PE = AE − AP
　　　= k−1

[図B]

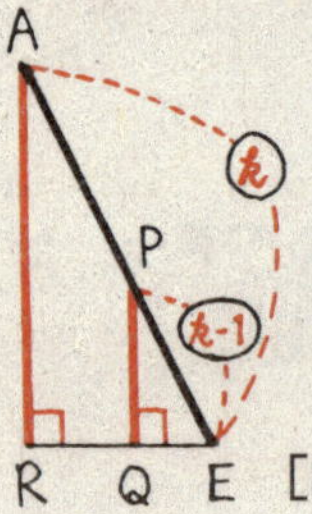

ここで，$\dfrac{PQ}{AR}$ について考えるために，[図B] から [図C] のような直角三角形を抜き出す と，[図D] のように △ARE ∽ △PQE がいえることが分かる！

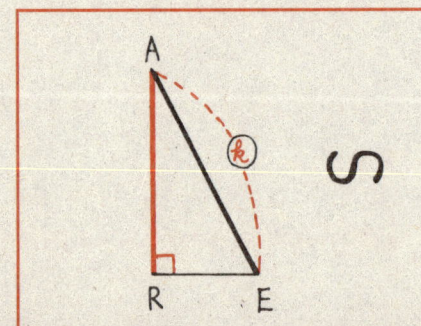

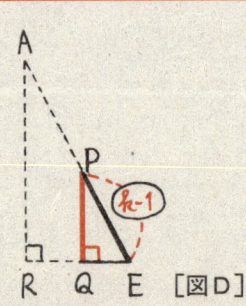

[図C]

[図D]

さらに，[図D] から
AR：PQ＝AE：PE がいえるので，
　　AR：PQ＝AE：PE
⇔ AR：PQ＝$k：k-1$　◀ AE：PE＝$k：k-1$
⇔ $k\mathrm{PQ}=(k-1)\mathrm{AR}$　◀ $a：b＝c：d \Leftrightarrow bc＝ad$
∴ $\dfrac{\mathrm{PQ}}{\mathrm{AR}}=\dfrac{k-1}{k}$ ……Ⓓ が得られた。　◀ $\dfrac{\mathrm{PQ}}{\mathrm{AR}}$を求めることができた！

▶このように同一直線上での比が分かっていれば，[図E] のような直角三角形を考えることにより高さの比を求めることができるのである！　◀重要事項‼

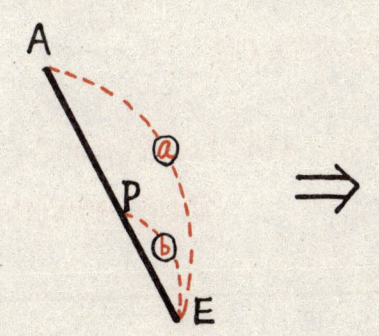

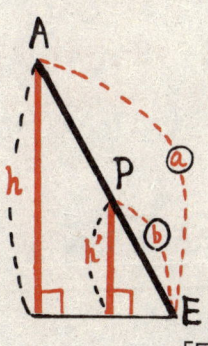

[図E]

よって，
$\begin{cases} V_\mathrm{A}=\dfrac{\mathrm{PQ}}{\mathrm{AR}}V \cdots\cdots Ⓒ \\ \dfrac{\mathrm{PQ}}{\mathrm{AR}}=\dfrac{k-1}{k} \cdots\cdots Ⓓ \end{cases}$ より，

$V_\mathrm{A}=\dfrac{\mathrm{PQ}}{\mathrm{AR}}V \cdots\cdots Ⓒ$

$=\dfrac{k-1}{k}V$　◀ $\dfrac{\mathrm{PQ}}{\mathrm{AR}}=\dfrac{k-1}{k}$ ……Ⓓ を代入した

$=\dfrac{\dfrac{\alpha+\beta+\gamma+\delta}{\beta+\gamma+\delta}-1}{\dfrac{\alpha+\beta+\gamma+\delta}{\beta+\gamma+\delta}}V$　◀ (2)で求めた $k=\dfrac{\alpha+\beta+\gamma+\delta}{\beta+\gamma+\delta}$ を代入した！

$$= \frac{\alpha+\beta+\gamma+\delta-(\beta+\gamma+\delta)}{\alpha+\beta+\gamma+\delta}V \quad \blacktriangleleft 分母分子に\beta+\gamma+\delta を掛けた$$

$$= \frac{\alpha}{\alpha+\beta+\gamma+\delta}V \text{ が得られた。} \quad \blacktriangleleft V_A が求められた！$$

[解答]

(1) $\alpha\overrightarrow{AP}+\beta\overrightarrow{BP}+\gamma\overrightarrow{CP}+\delta\overrightarrow{DP}=\vec{0}$

$\Leftrightarrow \alpha\overrightarrow{AP}+\beta(-\overrightarrow{AB}+\overrightarrow{AP})+\gamma(-\overrightarrow{AC}+\overrightarrow{AP})+\delta(-\overrightarrow{AD}+\overrightarrow{AP})=\vec{0}$ ◀ Point1.9

$\Leftrightarrow (\alpha+\beta+\gamma+\delta)\overrightarrow{AP}=\beta\vec{b}+\gamma\vec{c}+\delta\vec{d}$ ◀ 整理した

$\therefore \overrightarrow{AP}=\dfrac{1}{\alpha+\beta+\gamma+\delta}(\beta\vec{b}+\gamma\vec{c}+\delta\vec{d})$ ……① ◀ $\overrightarrow{AP}$について解いた //

(2) (1)より, ◀ Point1.10 (前の問題の結果を使う！)

$\overrightarrow{AE}=k\overrightarrow{AP}$ ◀ 問題文の条件

$= k \cdot \dfrac{1}{\alpha+\beta+\gamma+\delta}(\beta\vec{b}+\gamma\vec{c}+\delta\vec{d})$ ◀ (1)で求めた①を代入した！

$= \dfrac{k}{\alpha+\beta+\gamma+\delta}(\beta\vec{b}+\gamma\vec{c}+\delta\vec{d})$ ……② ◀ $\overrightarrow{AE}$を1通りの形で表すことができた！

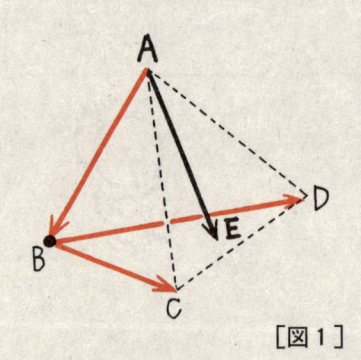

また, [図1]を考え,

平面BCD上の点Eは
$\overrightarrow{AE}=\overrightarrow{AB}+x\overrightarrow{BC}+y\overrightarrow{BD}$ ……③
[xとyはパラメーター]
と表せる ので, ◀ Point 5.2

$\begin{cases} \overrightarrow{AB}=\vec{b} \\ \overrightarrow{BC}=-\overrightarrow{AB}+\overrightarrow{AC}=-\vec{b}+\vec{c} & \blacktriangleleft \text{Point1.9} \\ \overrightarrow{BD}=-\overrightarrow{AB}+\overrightarrow{AD}=-\vec{b}+\vec{d} & \blacktriangleleft \text{Point1.9} \end{cases}$

を考え,

[図1]

$\overrightarrow{AE}=\overrightarrow{AB}+x\overrightarrow{BC}+y\overrightarrow{BD}$ ……③

$=\vec{b}+x(-\vec{b}+\vec{c})+y(-\vec{b}+\vec{d})$

$=(1-x-y)\vec{b}+x\vec{c}+y\vec{d}$ ……③′ ◀ $\overrightarrow{AE}$をもう1通りの形で表すことができた！

よって，②と③'から，$\vec{AE} = \vec{AE}$ を考え

$$\frac{\beta k}{\alpha+\beta+\gamma+\delta}\vec{b} + \frac{\gamma k}{\alpha+\beta+\gamma+\delta}\vec{c} + \frac{\delta k}{\alpha+\beta+\gamma+\delta}\vec{d} = (1-x-y)\vec{b} + x\vec{c} + y\vec{d}$$

が得られるので，

$\vec{b}, \vec{c}, \vec{d}$ は1次独立であることを考え

$$\begin{cases} \dfrac{\beta k}{\alpha+\beta+\gamma+\delta} = 1-x-y & \cdots\cdots \text{ⓐ} \\ \dfrac{\gamma k}{\alpha+\beta+\gamma+\delta} = x & \cdots\cdots \text{ⓑ} \\ \dfrac{\delta k}{\alpha+\beta+\gamma+\delta} = y & \cdots\cdots \text{ⓒ} \end{cases}$$

◀($\vec{b}$の係数)=($\vec{b}$の係数)

◀($\vec{c}$の係数)=($\vec{c}$の係数)

◀($\vec{d}$の係数)=($\vec{d}$の係数)

がいえる。 ◀Point4.1

さらに，

ⓐ+ⓑ+ⓒ を考え， ◀(1-x-y)+x+y=1 に着目して不要なxとyを消去する!

$$\frac{\beta k}{\alpha+\beta+\gamma+\delta} + \frac{\gamma k}{\alpha+\beta+\gamma+\delta} + \frac{\delta k}{\alpha+\beta+\gamma+\delta} = 1$$ ◀xとyが消えた!

$\Leftrightarrow \beta k + \gamma k + \delta k = \alpha + \beta + \gamma + \delta$ ◀両辺にα+β+γ+δを掛けて分母を払った

$\Leftrightarrow (\beta+\gamma+\delta)k = \alpha+\beta+\gamma+\delta$ ◀kでくくった

$\therefore k = \dfrac{\alpha+\beta+\gamma+\delta}{\beta+\gamma+\delta}$ ◀kについて解いた

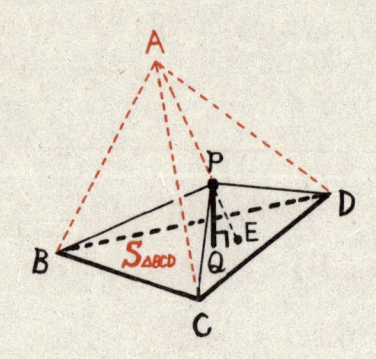

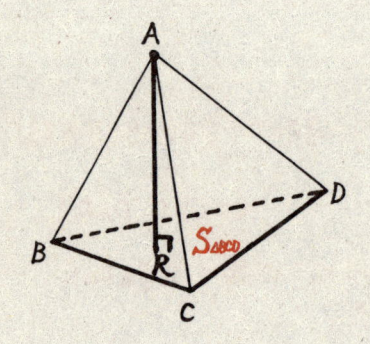

(3)

まず、
P から △BCD に下ろした垂線の足を
Q とおき、△BCD の面積を $S_{\triangle BCD}$
とおくと、
四面体 PBCD の体積 V_A は
$$V_A = \frac{1}{3} \cdot S_{\triangle BCD} \cdot PQ \quad \cdots\cdots Ⓐ$$
と書ける。 ◀ Point 3.4

また、
A から △BCD に下ろした垂線の足を
R とおくと、
四面体 ABCD の体積 V は
$$V = \frac{1}{3} \cdot S_{\triangle BCD} \cdot AR \quad \cdots\cdots Ⓑ$$
と書ける。 ◀ Point 3.4

Ⓐ と Ⓑ より、

$$\frac{V_A}{V} = \frac{\frac{1}{3} \cdot S_{\triangle BCD} \cdot PQ}{\frac{1}{3} \cdot S_{\triangle BCD} \cdot AR}$$ ◀ $\frac{Ⓐ}{Ⓑ}$ を考えて、不要な $\frac{1}{3} \cdot S_{\triangle BCD}$ を消去する！

$\Leftrightarrow \dfrac{V_A}{V} = \dfrac{PQ}{AR}$ ◀ 分母分子の $\frac{1}{3} \cdot S_{\triangle BCD}$ を約分した

$\therefore V_A = \dfrac{PQ}{AR} V \quad \cdots\cdots Ⓒ$ が得られる。 ◀ 両辺にVを掛けてV_Aについて解いた

空間図形に関する応用問題　115

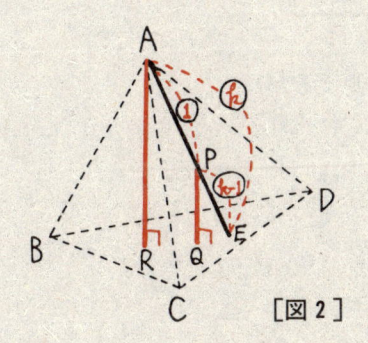

ここで，$\overrightarrow{AE}=k\overrightarrow{AP}$ を考え
［図2］が得られる。

さらに，
［図2］から［図3］が得られるので，
［図3］より
AR：PQ＝AE：PE がいえる。

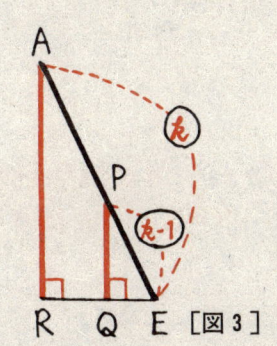

［図2］

［図3］

よって，
　　　AR：PQ＝AE：PE
$\Leftrightarrow$ AR：PQ＝k：$k-1$　◀ AE:PE=k:k-1
$\Leftrightarrow$ kPQ＝$(k-1)$AR　◀ a:b=c:d⇔bc=ad
$\Leftrightarrow$ $\dfrac{PQ}{AR}=\dfrac{k-1}{k}$　◀ $\dfrac{PQ}{AR}$ を求めることができた！

より，

$V_A = \dfrac{PQ}{AR}V$ ……Ⓒ

$= \dfrac{k-1}{k}V$　◀ $\dfrac{PQ}{AR}=\dfrac{k-1}{k}$ を代入した

$= \dfrac{\dfrac{\alpha+\beta+\gamma+\delta}{\beta+\gamma+\delta}-1}{\dfrac{\alpha+\beta+\gamma+\delta}{\beta+\gamma+\delta}}V$　◀ (2)で求めた $k=\dfrac{\alpha+\beta+\gamma+\delta}{\beta+\gamma+\delta}$ を代入した！

$= \dfrac{\alpha+\beta+\gamma+\delta-(\beta+\gamma+\delta)}{\alpha+\beta+\gamma+\delta}V$　◀ 分母分子に $\beta+\gamma+\delta$ を掛けた

$= \dfrac{\alpha}{\alpha+\beta+\gamma+\delta}V$　◀ $\alpha+\beta+\gamma+\delta-(\beta+\gamma+\delta)=\alpha$

[発展] $V_{PBCD} : V_{PACD} : V_{PABD} : V_{PABC}$ について

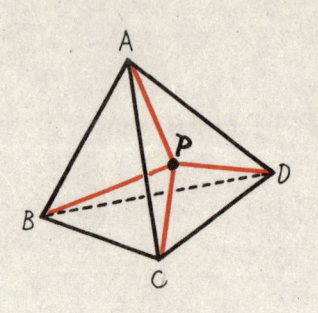

実は（後で証明するが）
$\alpha\overrightarrow{AP}+\beta\overrightarrow{BP}+\gamma\overrightarrow{CP}+\delta\overrightarrow{DP}=\vec{0}$ を満たす四面体 PBCD, PACD, PABD, PABC の体積比 $V_A : V_B : V_C : V_D$ は

$$V_A : V_B : V_C : V_D = \alpha : \beta : \gamma : \delta \quad \cdots\cdots(*)$$

だといえるんだけど，これは分かるかい？

まず，$\alpha\overrightarrow{AP}+\beta\overrightarrow{BP}+\gamma\overrightarrow{CP}+\delta\overrightarrow{DP}=\vec{0}$ は

$\alpha\overrightarrow{AP}+\beta\overrightarrow{BP}+\gamma\overrightarrow{CP}+\delta\overrightarrow{DP}=\vec{0}$
$\Leftrightarrow \alpha(-\overrightarrow{PA})+\beta(-\overrightarrow{PB})+\gamma(-\overrightarrow{PC})+\delta(-\overrightarrow{PD})=\vec{0}$ ◀始点をPに書き直した！
$\Leftrightarrow \alpha\overrightarrow{PA}+\beta\overrightarrow{PB}+\gamma\overrightarrow{PC}+\delta\overrightarrow{PD}=\vec{0} \quad \cdots\cdots(\bigstar)$ ◀両辺に -1 を掛けた

と書き直せるよね。

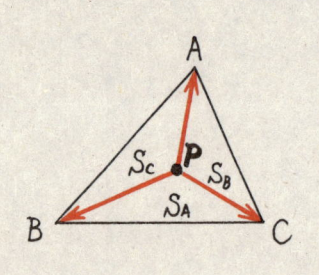

また，僕らは，平面図形において，

$\alpha\overrightarrow{PA}+\beta\overrightarrow{PB}+\gamma\overrightarrow{PC}=\vec{0}$ のとき
$S_A : S_B : S_C = \alpha : \beta : \gamma$ がいえる

ことは知っているよね。◀ **Point 3.2**

式の形からも明らかなように，
$\alpha\overrightarrow{PA}+\beta\overrightarrow{PB}+\gamma\overrightarrow{PC}+\delta\overrightarrow{PD}=\vec{0} \quad \cdots\cdots(\bigstar)$ は
"**Point 3.2** の空間図形版"の式なので，

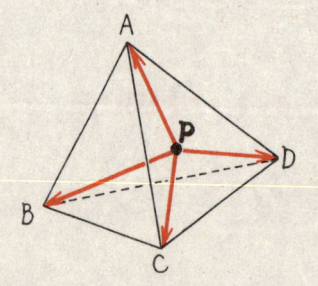

$\alpha\overrightarrow{PA}+\beta\overrightarrow{PB}+\gamma\overrightarrow{PC}=\vec{0}$ のとき
$S_A : S_B : S_C = \alpha : \beta : \gamma$ がいえる ように

$\alpha\overrightarrow{PA}+\beta\overrightarrow{PB}+\gamma\overrightarrow{PC}+\delta\overrightarrow{PD}=\vec{0}$ のとき
$V_A : V_B : V_C : V_D = \alpha : \beta : \gamma : \delta$ がいえる

んだ。◀これは入試では"公式"として使わない方が無難である

この **総合演習5** のようなタイプの問題では，さらに(4)として
「$V_A : V_B : V_C : V_D$ を求めよ」という問題が出題される場合もあるので，
ここで，
$V_A : V_B : V_C : V_D = \alpha : \beta : \gamma : \delta$ の導き方についても解説しておこう。

$V_A : V_B : V_C : V_D = \alpha : \beta : \gamma : \delta$ ……(*) の証明

まず，(1)〜(3)では，
A に着目して V_A を求めた結果，

$V_A = \dfrac{\alpha}{\alpha + \beta + \gamma + \delta} V$ が得られたよね。 ◀ $V_A = \dfrac{\boxed{\alpha} \leftarrow \overrightarrow{AP} \text{の係数}}{\alpha + \beta + \gamma + \delta} V$

また，

$\alpha \overrightarrow{AP} + \beta \overrightarrow{BP} + \gamma \overrightarrow{CP} + \delta \overrightarrow{DP} = \vec{0}$ という式は
A，B，C，D に関して対等な式 だよね。 ◀ A,B,C,D は特に何の区別もない！

だから，V_B についても
(1)〜(3)と全く同じように， ◀(1)〜(3)のAとBを入れ換えるだけで，計算過程は(1)〜(3)と全く同じ！
B に着目して V_B を求めれば

$V_B = \dfrac{\beta}{\alpha + \beta + \gamma + \delta} V$ が得られる よね。 ◀ $V_B = \dfrac{\boxed{\beta} \leftarrow \overrightarrow{BP} \text{の係数}}{\alpha + \beta + \gamma + \delta} V$

また，V_C についても
(1)〜(3)と全く同じように， ◀(1)〜(3)のAとCを入れ換えるだけで，計算過程は(1)〜(3)と全く同じ！
C に着目して V_C を求めれば

$V_C = \dfrac{\gamma}{\alpha + \beta + \gamma + \delta} V$ が得られる よね。 ◀ $V_C = \dfrac{\boxed{\gamma} \leftarrow \overrightarrow{CP} \text{の係数}}{\alpha + \beta + \gamma + \delta} V$

また，V_D についても
(1)〜(3)と全く同じように， ◀(1)〜(3)のAとDを入れ換えるだけで，計算過程は(1)〜(3)と全く同じ！
D に着目して V_D を求めれば

$V_D = \dfrac{\delta}{\alpha + \beta + \gamma + \delta} V$ が得られる よね。 ◀ $V_D = \dfrac{\boxed{\delta} \leftarrow \overrightarrow{DP} \text{の係数}}{\alpha + \beta + \gamma + \delta} V$

よって，

$$V_A : V_B : V_C : V_D = \frac{\alpha}{\alpha+\beta+\gamma+\delta}V : \frac{\beta}{\alpha+\beta+\gamma+\delta}V : \frac{\gamma}{\alpha+\beta+\gamma+\delta}V : \frac{\delta}{\alpha+\beta+\gamma+\delta}V$$

$= \alpha : \beta : \gamma : \delta$ より ◀ $\dfrac{V}{\alpha+\beta+\gamma+\delta}$ で割った

$\underline{V_A : V_B : V_C : V_D = \boldsymbol{\alpha : \beta : \gamma : \delta}}$ ……(∗) を示すことができた！

総合演習 6

四面体 OABC において，点 D を $\vec{OD}=k(\vec{OA}+\vec{OB}+\vec{OC})$ である点とする。また，3 点 P, Q, R を $\vec{OP}=p\vec{OA}$, $\vec{OQ}=q\vec{OB}$, $\vec{OR}=r\vec{OC}$ ($0<p<1$, $0<q<1$, $0<r<1$) である点とする。

(1) 点 D が四面体 OABC の内部にあるとき，k の満たすべき条件を求めよ。ただし，四面体の内部とは，四面体からその表面を除いた部分をさす。

(2) 四面体 OABC と四面体 OPQR の体積をそれぞれ V, V' とするとき，$\dfrac{V'}{V}$ を p, q, r を用いて表せ。

(3) 4 点 D, P, Q, R が同一平面上にあるとき，k を p, q, r を用いて表せ。

(4) $p=3k=\dfrac{1}{2}$ であって，4 点 D, P, Q, R が同一平面上にあるとき，$\dfrac{V'}{V}$ の最小値を求めよ。　　　　　　[九州大]

[考え方]
(1) まず準備として次の**参考問題 1** をやってごらん。

参考問題 1

△OAB において，点 D を $\vec{OD}=k(\vec{OA}+\vec{OB})$ である点とするとき，点 D が △OAB の内部にあるための k の満たすべき条件を求めよ。ただし，△OAB の内部とは，△OAB で囲まれる部分からその周を除いた部分をさす。　　　　　　[九州大-文系]

[参考問題1の考え方と解答]

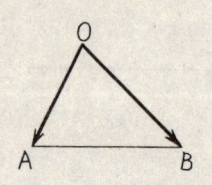

まず，$\vec{OD} = k(\vec{OA} + \vec{OB})$ の形のままだと点Dの位置が分かりにくいよね。

ところで，$\vec{OD} = k(\vec{OA} + \vec{OB})$ は
Point 1.6（中点の公式）の $\vec{OM} = \dfrac{1}{2}(\vec{OA} + \vec{OB})$ と形が非常によく似ているよね。

そこで，

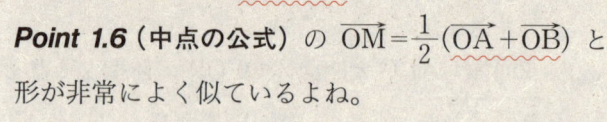

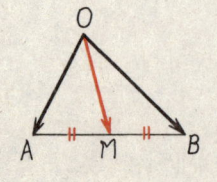

Point 1.6 が使えるようにするために $k(\vec{OA} + \vec{OB})$ を $2k \cdot \dfrac{1}{2}(\vec{OA} + \vec{OB})$ と書き直す と，

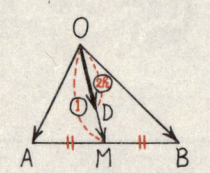

$\vec{OD} = k(\vec{OA} + \vec{OB})$
$\phantom{\vec{OD}} = 2k \cdot \dfrac{1}{2}(\vec{OA} + \vec{OB})$
$\phantom{\vec{OD}} = 2k\vec{OM}$ が得られる。 ◀ $\vec{OM} = \dfrac{1}{2}(\vec{OA} + \vec{OB})$

$\vec{OD} = 2k\vec{OM}$ だったら，点Dの位置はすぐに分かるよね。 ◀ 左図を見よ！

◀「$\vec{OM}$ を $2k$ 倍すると $\vec{OD}$ になる」

よって， ◀ 点Dはkの値が変わることによって直線OM上を動く！
点D が △OAB の内部にあるための条件は，
$0 < 2k < 1$ より ◀《注1》を見よ！
$0 < k < \dfrac{1}{2}$ であることが分かった！ ◀ 全体を2で割った

(注1) $0 < 2k < 1$ について

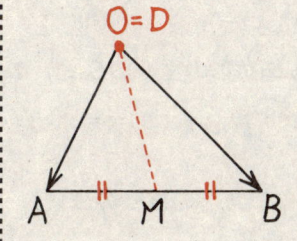

(I) $2k = 0$ のとき

$\vec{OD} = \vec{0}$ より， ◀ $\vec{OD} = 2k\vec{OM}$
点Dは点Oと一致する。 ◀ △OABの内部にない！

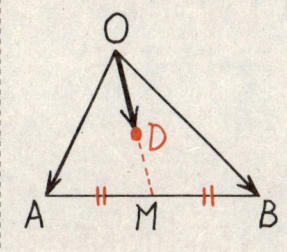

(II) $2k = \dfrac{1}{2}$ のとき

$\vec{OD} = \dfrac{1}{2}\vec{OM}$ より， ◀ $\vec{OD} = 2k\vec{OM}$
点DはOMの中点になる。 ◀ △OABの内部にある

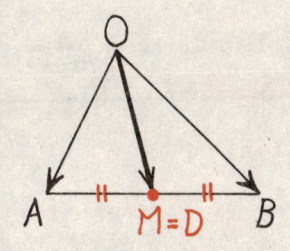

(III) $2k = 1$ のとき

$\vec{OD} = \vec{OM}$ より， ◀ $\vec{OD} = 2k\vec{OM}$
点Dは点Mと一致する。 ◀ △OABの内部にない！

▶以上より，点Dが△OABの内部にあるためには
(I)と(III)の間であればよいことが分かるので $0 < 2k < 1$ がいえる！

この **参考問題1** を踏まえて，$\vec{OD} = k(\vec{OA} + \vec{OB} + \vec{OC})$ を満たす点Dが四面体OABCの内部にあるための k の条件について考えてみよう。

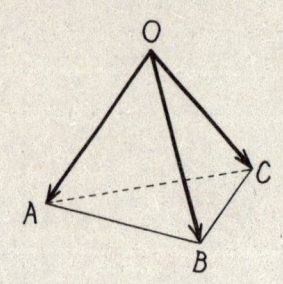

まず，$\overrightarrow{OD}=k(\overrightarrow{OA}+\overrightarrow{OB}+\overrightarrow{OC})$ の形のままだと点Dの位置はよく分からないよね。

だけど，$\overrightarrow{OD}=k(\overrightarrow{OA}+\overrightarrow{OB}+\overrightarrow{OC})$ は **Point 6.2**（空間における三角形の重心の公式）の $\overrightarrow{OG}=\dfrac{1}{3}(\overrightarrow{OA}+\overrightarrow{OB}+\overrightarrow{OC})$ と形がよく似ているので，

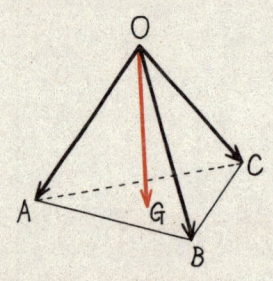

> **Point 6.2**（空間における三角形の重心の公式）が使えるようにするために
> $k(\overrightarrow{OA}+\overrightarrow{OB}+\overrightarrow{OC})$ を $3k\cdot\dfrac{1}{3}(\overrightarrow{OA}+\overrightarrow{OB}+\overrightarrow{OC})$ と書き直す

と，

$\overrightarrow{OD}=k(\overrightarrow{OA}+\overrightarrow{OB}+\overrightarrow{OC})$
$\phantom{\overrightarrow{OD}}=3k\cdot\dfrac{1}{3}(\overrightarrow{OA}+\overrightarrow{OB}+\overrightarrow{OC})$
$\phantom{\overrightarrow{OD}}=3k\overrightarrow{OG}$ が得られる。 ◀ $\overrightarrow{OG}=\dfrac{1}{3}(\overrightarrow{OA}+\overrightarrow{OB}+\overrightarrow{OC})$

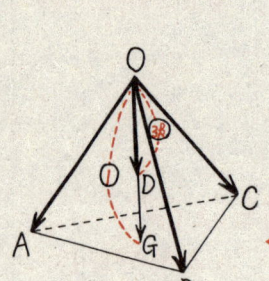

$\overrightarrow{OD}=3k\overrightarrow{OG}$ だったら，点Dの位置はすぐに分かるよね。 ◀ 左図を見よ！

◀「$\overrightarrow{OG}$ を $3k$ 倍すると $\overrightarrow{OD}$ になる」

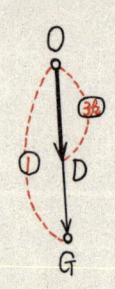

よって， ◀ 点Dは k の値が変わることによって直線OG上を動く！
点Dが四面体OABCの内部にあるための条件は，
$0<3k<1$ より ◀《注2》を見よ！
$0<k<\dfrac{1}{3}$ であることが分かった！ ◀ 全体を3で割った

(注2) $0<3k<1$ について

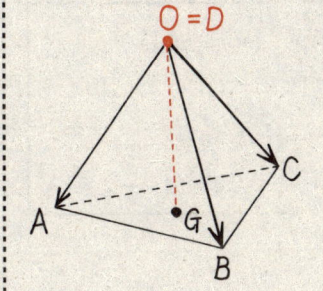

(I) $3k=0$ のとき

$\vec{OD}=\vec{0}$ より， ◀ $\vec{OD}=3k\vec{OG}$

点Dは点Oと一致する。 ◀ 四面体OABCの内部にない！

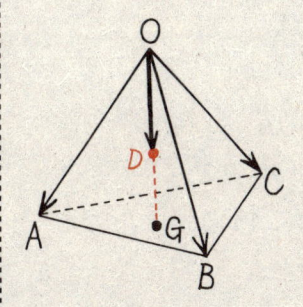

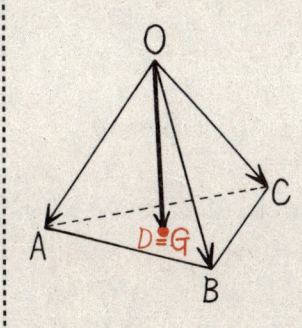

(II) $3k=\dfrac{1}{2}$ のとき

$\vec{OD}=\dfrac{1}{2}\vec{OG}$ より， ◀ $\vec{OD}=3k\vec{OG}$

点DはOGの中点になる。 ◀ 四面体OABCの内部にある

(III) $3k=1$ のとき

$\vec{OD}=\vec{OG}$ より， ◀ $\vec{OD}=3k\vec{OG}$

点Dは点Gと一致する。 ◀ 四面体OABCの内部にない！

▶ 以上より，点Dが四面体OABCの内部にあるためには (I)と(III)の間であればよいことが分かるので $0<3k<1$ がいえる！

(2) (2)についても準備としてまず，次の**参考問題2**をやっておこう。

参考問題2

△OAB において2点 P, Q を $\overrightarrow{OP} = p\overrightarrow{OA}$, $\overrightarrow{OQ} = q\overrightarrow{OB}$ $(0 < p < 1, 0 < q < 1)$ である点とし，△OAB と △OPQ の面積をそれぞれ S, S' とするとき，$\dfrac{S'}{S}$ を p, q を用いて表せ。

［九州大一文系］

[参考問題2の考え方と解答]

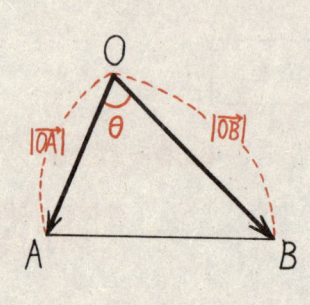

まず，
$\begin{cases} \overrightarrow{OP} = p\overrightarrow{OA} \\ \overrightarrow{OQ} = q\overrightarrow{OB} \end{cases}$ より

$\begin{cases} |\overrightarrow{OP}| = p|\overrightarrow{OA}| \\ |\overrightarrow{OQ}| = q|\overrightarrow{OB}| \end{cases}$ がいえるので，

∠AOB [= ∠POQ] = θ とおく と左図が得られる。

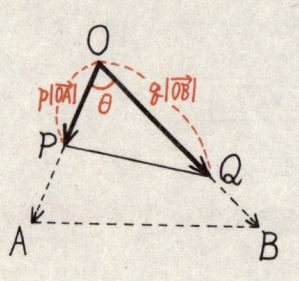

よって，
$\begin{cases} S = \dfrac{1}{2}|\overrightarrow{OA}||\overrightarrow{OB}|\sin\theta \\ S' = \dfrac{1}{2} \cdot p|\overrightarrow{OA}| \cdot q|\overrightarrow{OB}| \cdot \sin\theta \\ = pq \cdot \dfrac{1}{2}|\overrightarrow{OA}||\overrightarrow{OB}|\sin\theta \end{cases}$

がいえるので，◀ P.102の(注)を見よ

$\dfrac{S'}{S} = \dfrac{pq \cdot \frac{1}{2}|\overrightarrow{OA}||\overrightarrow{OB}|\sin\theta}{\frac{1}{2}|\overrightarrow{OA}||\overrightarrow{OB}|\sin\theta}$

$= pq$ ◀ 分母分子に共通な $\dfrac{1}{2}|\overrightarrow{OA}||\overrightarrow{OB}|\sin\theta$ を約分した

この**参考問題2**を踏まえて，
四面体 OABC の体積 V と四面体 OPQR の体積 V' について考えてみよう。

空間図形に関する応用問題　125

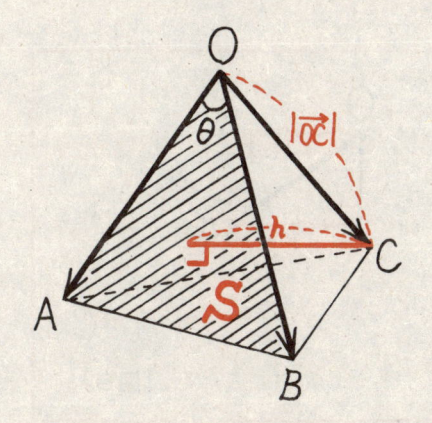

まず，左図のように
△OAB と △OPQ を底面とみなし，
四面体 OABC と四面体 OPQR の
底面積をそれぞれ S, S' とおき，
高さをそれぞれ h, h' とおくと，

$$\begin{cases} V = \dfrac{1}{3} \cdot S \cdot h \\ V' = \dfrac{1}{3} \cdot S' \cdot h' \end{cases}$$

がいえるよね。　◀ Point 3.4

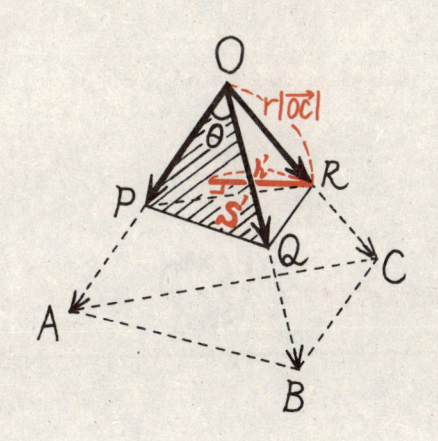

よって，

$$\dfrac{V'}{V} = \dfrac{\frac{1}{3} \cdot S' \cdot h'}{\frac{1}{3} \cdot S \cdot h}$$ ◀ $\dfrac{V'}{V}$ を求める

$$= \dfrac{S'}{S} \cdot \dfrac{h'}{h}$$ ◀ 分母分子の $\frac{1}{3}$ を約分した

$$= pq \cdot \dfrac{h'}{h}$$ ◀ 参考問題2で求めた $\dfrac{S'}{S} = pq$ を代入した！

が得られるので，

あとは $\dfrac{h'}{h}$ を求めればいいよね。

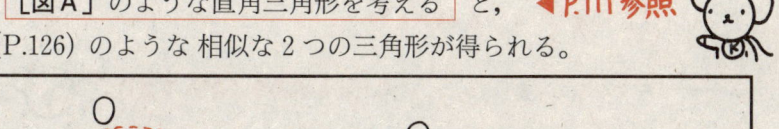

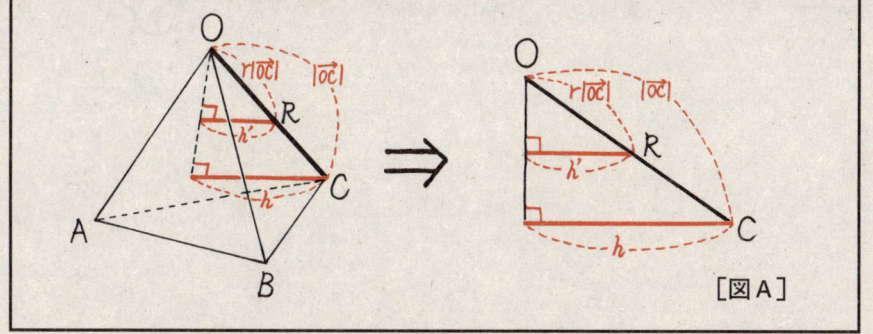

そこで，[図A] のような直角三角形を考える と，　◀ P.111 参照
[図B]（P.126）のような相似な2つの三角形が得られる。

[図A]

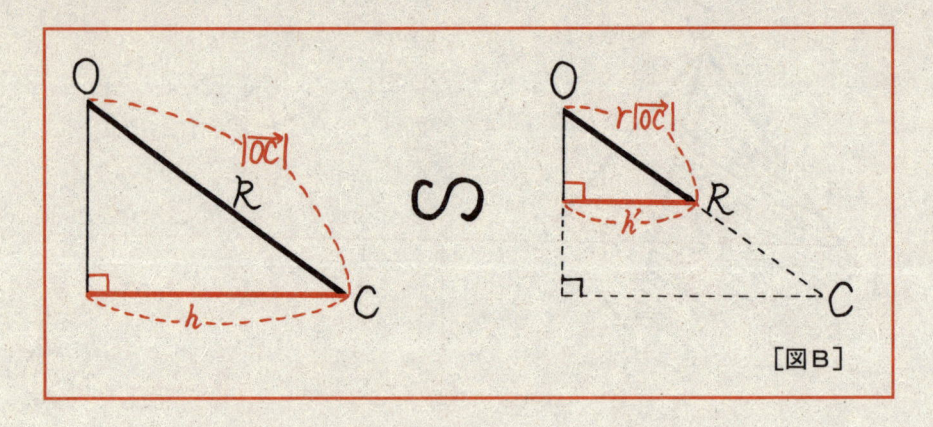

よって, [図B] から
$h : h' = |\vec{OC}| : r|\vec{OC}|$ がいえる ので, ◀ h と h' の関係式を求めることができた！

$\quad h : h' = |\vec{OC}| : r|\vec{OC}|$
$\Leftrightarrow h : h' = 1 : r$ ◀ $|\vec{OC}|$ で割った
$\Leftrightarrow h' = rh$ ◀ $a:b=c:d \Leftrightarrow bc=ad$
$\therefore \dfrac{h'}{h} = r$ が得られる。 ◀ $\dfrac{h'}{h}$ を求めることができた！

以上より,
$\dfrac{V'}{V} = pq \cdot \dfrac{h'}{h}$
$\quad\quad = pq \cdot r$ ◀ $\dfrac{h'}{h} = r$ を代入した
$\therefore \dfrac{V'}{V} = pqr$ が得られた。 ◀ $\dfrac{V'}{V}$ を求めることができた！

(3)

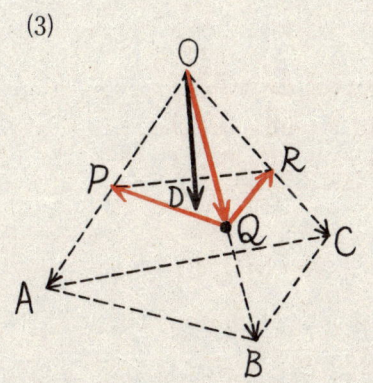

まず，左図のように

> 点Dが"点Qを通る平面PQR上にある"ならば，$\overrightarrow{OD}$ は平面PQR上の1次独立な2つのベクトル $\overrightarrow{QP}$，$\overrightarrow{QR}$ を使って
> $\overrightarrow{OD}=\overrightarrow{OQ}+x\overrightarrow{QP}+y\overrightarrow{QR}$ ……①
> [x と y はパラメーター]

と表せる よね。◀ Point 5.2

さらに，**Point 1.9**（始点の移動公式）より
$\begin{cases} \overrightarrow{QP}=-\overrightarrow{OQ}+\overrightarrow{OP} \\ \overrightarrow{QR}=-\overrightarrow{OQ}+\overrightarrow{OR} \end{cases}$ がいえるので，

$\overrightarrow{OD}=\overrightarrow{OQ}+x\overrightarrow{QP}+y\overrightarrow{QR}$ ……①
$=\overrightarrow{OQ}+x(-\overrightarrow{OQ}+\overrightarrow{OP})+y(-\overrightarrow{OQ}+\overrightarrow{OR})$ ◀ $\begin{cases}\overrightarrow{QP}=-\overrightarrow{OQ}+\overrightarrow{OP} \\ \overrightarrow{QR}=-\overrightarrow{OQ}+\overrightarrow{OR}\end{cases}$ を代入した
$=x\overrightarrow{OP}+(1-x-y)\overrightarrow{OQ}+y\overrightarrow{OR}$ ◀ 整理した
$=xp\overrightarrow{OA}+(1-x-y)q\overrightarrow{OB}+yr\overrightarrow{OC}$ ……①′

が得られる。◀ 問題文の $\overrightarrow{OP}=p\overrightarrow{OA}$，$\overrightarrow{OQ}=q\overrightarrow{OB}$，$\overrightarrow{OR}=r\overrightarrow{OC}$ を代入した

また，問題文より，$\overrightarrow{OD}$ は
$\overrightarrow{OD}=k(\overrightarrow{OA}+\overrightarrow{OB}+\overrightarrow{OC})$
$=k\overrightarrow{OA}+k\overrightarrow{OB}+k\overrightarrow{OC}$ ……② も満たしているよね。

よって，①′と②から，$\overrightarrow{OD}=\overrightarrow{OD}$ を考え
$xp\overrightarrow{OA}+(1-x-y)q\overrightarrow{OB}+yr\overrightarrow{OC}=k\overrightarrow{OA}+k\overrightarrow{OB}+k\overrightarrow{OC}$ ……(∗)
が得られる。

さらに，(∗) から，**Point 4.1** を考え

$$\begin{cases} xp = k \ \cdots\cdots \ ⓐ \\ (1-x-y)q = k \ \cdots\cdots \ ⓑ \\ yr = k \ \cdots\cdots \ ⓒ \end{cases}$$

◀ ($\vec{OA}$ の係数) = ($\vec{OA}$ の係数)
◀ ($\vec{OB}$ の係数) = ($\vec{OB}$ の係数)
◀ ($\vec{OC}$ の係数) = ($\vec{OC}$ の係数)

がいえる。

ここで，

ⓐ, ⓑ, ⓒ から (僕らが勝手に使っている) パラメーターの x と y を消去して，p と q と r だけの関係式を導くために

$xp = k \ \cdots\cdots$ ⓐ の左辺を
$x = k \cdot \dfrac{1}{p} \ \cdots\cdots$ ⓐ' のように x にし， ◀ 両辺を p で割った

$(1-x-y)q = k \ \cdots\cdots$ ⓑ の左辺を
$1-x-y = k \cdot \dfrac{1}{q} \ \cdots\cdots$ ⓑ' のように $1-x-y$ にし， ◀ 両辺を q で割った

$yr = k \ \cdots\cdots$ ⓒ の左辺を
$y = k \cdot \dfrac{1}{r} \ \cdots\cdots$ ⓒ' のように y にし， ◀ 両辺を r で割った

ⓐ' とⓑ' とⓒ' を加える と， ◀ $x+(1-x-y)+y=1$ に着目して x と y を消去する

$$x + (1-x-y) + y = k \cdot \dfrac{1}{p} + k \cdot \dfrac{1}{q} + k \cdot \dfrac{1}{r}$$

$\Leftrightarrow 1 = k \cdot \dfrac{1}{p} + k \cdot \dfrac{1}{q} + k \cdot \dfrac{1}{r}$ ◀ x と y が消えた！

$\Leftrightarrow 1 = \left(\dfrac{1}{p} + \dfrac{1}{q} + \dfrac{1}{r}\right)k$ ◀ k でくくった

$\Leftrightarrow 1 = \dfrac{qr+pr+pq}{pqr} k$ ◀ 分母をそろえた $\left[\dfrac{1}{p}+\dfrac{1}{q}+\dfrac{1}{r}=\dfrac{qr}{pqr}+\dfrac{pr}{pqr}+\dfrac{pq}{pqr}\right]$

$\Leftrightarrow \dfrac{pqr}{qr+pr+pq} = k$ ◀ 両辺に $\dfrac{pqr}{qr+pr+pq}$ を掛けて k について解いた

$\therefore \ k = \dfrac{pqr}{qr+pr+pq}$ が得られた。 ◀ k を求めることができた！

(4) まず，問題文の条件の $p=3k=\dfrac{1}{2}$ から

$\underline{\underline{p=\dfrac{1}{2}}}$ と $\underline{\underline{k=\dfrac{1}{6}}}$ が得られるので，◀ $p=3k=\dfrac{1}{2}$ ⇒ $\begin{cases} p=\dfrac{1}{2} \\ 3k=\dfrac{1}{2} \end{cases}$

(3)で求めた $k=\dfrac{pqr}{qr+pr+pq}$ は，◀ Point1.10（前の問題の結果を使う！）

$\dfrac{1}{6}=\dfrac{\dfrac{1}{2}qr}{qr+\dfrac{1}{2}r+\dfrac{1}{2}q}$ ◀ $p=\dfrac{1}{2}$ と $k=\dfrac{1}{6}$ を代入した

$\Leftrightarrow \dfrac{1}{6}\left(qr+\dfrac{1}{2}r+\dfrac{1}{2}q\right)=\dfrac{1}{2}qr$ ◀ 両辺に $qr+\dfrac{1}{2}r+\dfrac{1}{2}q$ を掛けて右辺の分母を払った

$\Leftrightarrow 2qr+r+q=6qr$ ◀ 両辺に12を掛けて分母を払った

$\Leftrightarrow \underline{\underline{q+r=4qr}}$ ……③ と書き直せるよね。◀ qとrの関係式が得られた！

また，(2)で求めた $\dfrac{V'}{V}=pqr$ は，◀ Point1.10（前の問題の結果を使う！）

$\dfrac{V'}{V}=pqr$

$\Leftrightarrow \underline{\underline{\dfrac{V'}{V}=\dfrac{1}{2}qr}}$ ……④ となるので，◀ $p=\dfrac{1}{2}$ を代入した

$\underline{\dfrac{V'}{V}$ の最小値を求めるためには qr の最小値が分かればいいよね。}

そこで，以下，$\dfrac{V'}{V}$ の最小値を求めるために

$\underline{q+r=4qr}$ ……③ を使って qr の最小値を求めてみよう。

$\underline{q+r=4qr}$ ……③ を使って qr の最小値を求めるためには
$q+r$ と qr に関する不等式 があればいいよね。

▶例えば，もしも
$(q+r)^2 \geqq 4qr$ ……(★) という $q+r$ と qr に関する不等式がある とすると，

不要な $q+r$ を消去して求めたい qr だけの式にするために
$\boxed{q+r=4qr \cdots\cdots ③ を (q+r)^2 \geq 4qr \cdots\cdots (★) に代入してみる}$ と，

$\quad (q+r)^2 \geq 4qr \cdots\cdots (★)$
$\Leftrightarrow (4qr)^2 \geq 4qr$ ◀不要な $q+r$ を消去して qr だけの式にした！
$\Leftrightarrow 4qr \geq 1$ ◀両辺を $4qr[>0]$ で割った
$\Leftrightarrow qr \geq \dfrac{1}{4}$ ◀この式は「qr の最小値は $\dfrac{1}{4}$ である」ということを意味している！

のように qr の最小値を求めることができる！

そこで，$q+r$ と qr に関する不等式を導くために次の **Point 6.3** が必要になる。

Point 6.3 〈相加相乗平均（2変数の場合）〉

$a>0$，$b>0$ のとき，
$a+b \geq 2\sqrt{ab}$ が成立する。
（等号が成立するのは $a=b$ のときである。）

Point 6.3 より
$q+r \geq 2\sqrt{qr} \cdots\cdots ⑤$ ◀$a=q, b=r$ の場合
がいえるので，◀$q+r$ と qr に関する不等式が得られた！

$\boxed{⑤ に q+r=4qr \cdots\cdots ③ を代入する}$ と，◀不要な $q+r$ を消去して qr だけの式にする！

$\quad q+r \geq 2\sqrt{qr} \cdots\cdots ⑤$
$\Leftrightarrow 4qr \geq 2\sqrt{qr}$ ◀qr だけの式！
$\Leftrightarrow 2qr \geq \sqrt{qr}$ ◀両辺を2で割った
$\Leftrightarrow 4(qr)^2 \geq qr$ ◀両辺を2乗して考えにくい $\sqrt{}$ をなくした！
$\Leftrightarrow 4qr \geq 1$ ◀両辺を $qr[>0]$ で割った
$\Leftrightarrow qr \geq \dfrac{1}{4} \cdots\cdots ⑤'$ が得られる。◀qr の最小値が分かった！

よって，

$\dfrac{V'}{V} = \dfrac{1}{2}qr$ ……④ から

$\dfrac{V'}{V} = \dfrac{1}{2}qr$ ……④

$\qquad \geqq \dfrac{1}{2} \cdot \dfrac{1}{4}$ ◀ $qr \geqq \dfrac{1}{4}$ ……⑤' を使った

∴ $\dfrac{V'}{V} \geqq \dfrac{1}{8}$ が得られるので， ◀ $\dfrac{1}{2} \cdot \dfrac{1}{4} = \dfrac{1}{8}$

$\dfrac{V'}{V}$ の最小値は $\dfrac{1}{8}$ であることが分かった！

[解答]

(1)

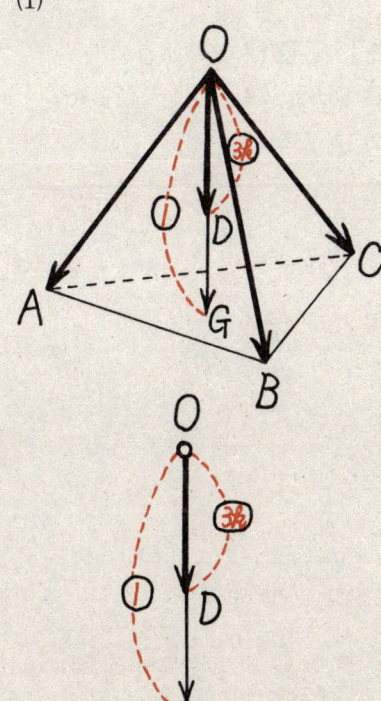

△ABC の重心を G とおくと，
$\overrightarrow{OD} = k(\overrightarrow{OA} + \overrightarrow{OB} + \overrightarrow{OC})$
$\qquad = 3k \cdot \dfrac{1}{3}(\overrightarrow{OA} + \overrightarrow{OB} + \overrightarrow{OC})$
$\qquad = 3k\overrightarrow{OG}$ ◀ $\overrightarrow{OG} = \dfrac{1}{3}(\overrightarrow{OA} + \overrightarrow{OB} + \overrightarrow{OC})$
がいえる。 [Point 6.2]

よって，

点 D が四面体 OABC の内部にあるためには，点 D が線分 OG 上（両端を除く）にあればいい ので，

$0 < 3k < 1$ より ◀ [考え方] 参照

$0 < k < \dfrac{1}{3}$ ◀ 全体を3で割った

(2) △OAB と △OPQ の面積をそれぞれ S, S' とし，$\angle AOB = \theta$ とおく と，

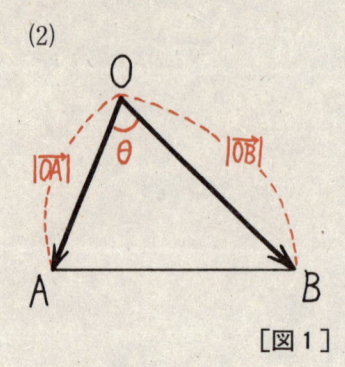

$$\begin{cases} S = \dfrac{1}{2}|\overrightarrow{OA}||\overrightarrow{OB}|\sin\theta \\ S' = pq \cdot \dfrac{1}{2}|\overrightarrow{OA}||\overrightarrow{OB}|\sin\theta \end{cases}$$

がいえる。 ◀[図1]と[図2]を見よ

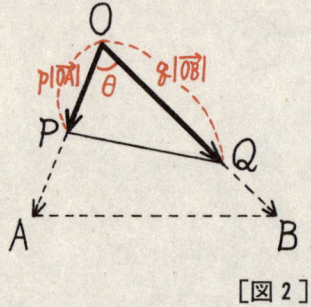

[図1]

[図2]

さらに，[図3] と [図4] のように四面体 OABC と四面体 OPQR の高さをそれぞれ h, h' とすると，

$$\begin{cases} V = \dfrac{1}{3} \cdot \dfrac{1}{2}|\overrightarrow{OA}||\overrightarrow{OB}|\sin\theta \cdot h & \blacktriangleleft V = \dfrac{1}{3} \cdot S \cdot h \\ V' = \dfrac{1}{3} \cdot pq \cdot \dfrac{1}{2}|\overrightarrow{OA}||\overrightarrow{OB}|\sin\theta \cdot h' & \blacktriangleleft V' = \dfrac{1}{3} \cdot S' \cdot h' \end{cases}$$

がいえる。 ◀ Point 3.4

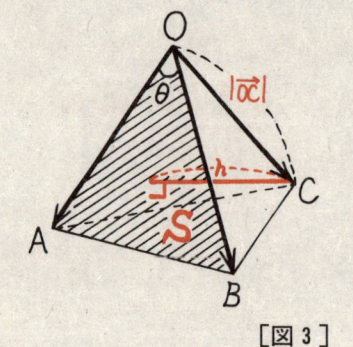

[図3]

よって，

$$\dfrac{V'}{V} = \dfrac{\dfrac{1}{3} \cdot pq \cdot \dfrac{1}{2}|\overrightarrow{OA}||\overrightarrow{OB}|\sin\theta \cdot h'}{\dfrac{1}{3} \cdot \dfrac{1}{2}|\overrightarrow{OA}||\overrightarrow{OB}|\sin\theta \cdot h}$$

$$= pq \cdot \dfrac{h'}{h} \quad \blacktriangleleft 分母分子の \dfrac{1}{3} \cdot \dfrac{1}{2}|\overrightarrow{OA}||\overrightarrow{OB}|\sin\theta を約分した！$$

が得られる。

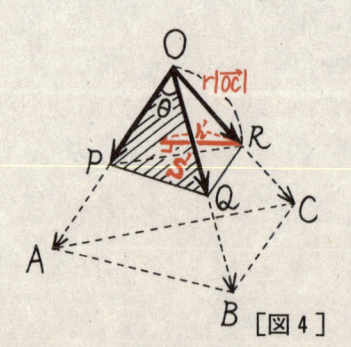

[図4]

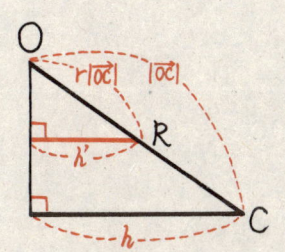

ここで，[図5]のような直角三角形を考えると
$h : h' = |\overrightarrow{OC}| : r|\overrightarrow{OC}|$ がいえる ので， ◀[考え方]参照

$h : h' = |\overrightarrow{OC}| : r|\overrightarrow{OC}|$
$\Leftrightarrow h : h' = 1 : r$ ◀ $|\overrightarrow{OC}|$で割った
$\Leftrightarrow h' = rh$ ◀ $a:b=c:d \Leftrightarrow bc=ad$
$\therefore \dfrac{h'}{h} = r$ が得られる。 ◀ $\dfrac{h'}{h}$が求められた！

[図5]

よって，
$$\dfrac{V'}{V} = pq \cdot \dfrac{h'}{h}$$
$$= pqr$$
◀ $\dfrac{h'}{h} = r$を代入した

(3)
左図を考え， 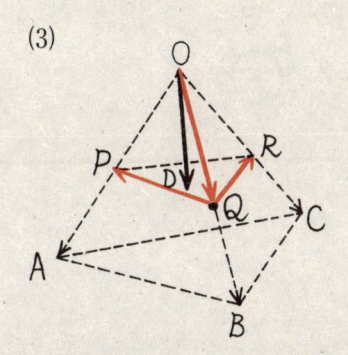
平面PQR上の点Dは
$\overrightarrow{OD} = \overrightarrow{OQ} + x\overrightarrow{QP} + y\overrightarrow{QR}$ ……①
[xとyはパラメーター]
と表せる。 ◀Point 5.2

さらに，
$\begin{cases} \overrightarrow{QP} = -\overrightarrow{OQ} + \overrightarrow{OP} \\ \overrightarrow{QR} = -\overrightarrow{OQ} + \overrightarrow{OR} \end{cases}$ がいえるので， ◀Point 1.9

$\overrightarrow{OD} = \overrightarrow{OQ} + x\overrightarrow{QP} + y\overrightarrow{QR}$ ……①
$= \overrightarrow{OQ} + x(-\overrightarrow{OQ} + \overrightarrow{OP}) + y(-\overrightarrow{OQ} + \overrightarrow{OR})$
$= x\overrightarrow{OP} + (1-x-y)\overrightarrow{OQ} + y\overrightarrow{OR}$ ◀整理した
$= xp\overrightarrow{OA} + (1-x-y)q\overrightarrow{OB} + yr\overrightarrow{OC}$ ……①' ◀ $\begin{cases} \overrightarrow{OP} = p\overrightarrow{OA} \\ \overrightarrow{OQ} = q\overrightarrow{OB} \\ \overrightarrow{OR} = r\overrightarrow{OC} \end{cases}$ を代入した

が得られる。

ここで、
①′と問題文の $\overrightarrow{OD}=k\overrightarrow{OA}+k\overrightarrow{OB}+k\overrightarrow{OC}$ から、$\overrightarrow{OD}=\overrightarrow{OD}$ を考え
$$xp\overrightarrow{OA}+(1-x-y)q\overrightarrow{OB}+yr\overrightarrow{OC}=k\overrightarrow{OA}+k\overrightarrow{OB}+k\overrightarrow{OC} \quad \cdots\cdots(*)$$
が得られるので、

$\overrightarrow{OA}$ と $\overrightarrow{OB}$ と $\overrightarrow{OC}$ は1次独立であることを考え、(*) から
$$\begin{cases} xp=k & \cdots\cdots ⓐ \\ (1-x-y)q=k & \cdots\cdots ⓑ \\ yr=k & \cdots\cdots ⓒ \end{cases}$$
◀($\overrightarrow{OA}$の係数)=($\overrightarrow{OA}$の係数)
◀($\overrightarrow{OB}$の係数)=($\overrightarrow{OB}$の係数)
◀($\overrightarrow{OC}$の係数)=($\overrightarrow{OC}$の係数)

がいえる。 ◀Point 4.1

さらに、

$\dfrac{1}{p}\times ⓐ + \dfrac{1}{q}\times ⓑ + \dfrac{1}{r}\times ⓒ$ より ◀xとyを消去する([考え方]参照)

$$x+(1-x-y)+y=k\cdot\dfrac{1}{p}+k\cdot\dfrac{1}{q}+k\cdot\dfrac{1}{r}$$

$\Leftrightarrow 1=k\cdot\dfrac{1}{p}+k\cdot\dfrac{1}{q}+k\cdot\dfrac{1}{r}$ ◀xとyが消えた！

$\Leftrightarrow 1=\left(\dfrac{1}{p}+\dfrac{1}{q}+\dfrac{1}{r}\right)k$ ◀kでくくった

$\Leftrightarrow 1=\dfrac{qr+pr+pq}{pqr}k$ ◀分母をそろえた

$\therefore k=\dfrac{pqr}{qr+pr+pq}$ ◀kについて解いた

空間図形に関する応用問題　135

(4) 問題文の条件の $p=3k=\dfrac{1}{2}$ を考え，(2)と(3)から　◀Point 1.10

$$\begin{cases} \dfrac{V'}{V}=\dfrac{1}{2}qr & \cdots\cdots ② \\ q+r=4qr & \cdots\cdots ③ \end{cases}$$

◀(2)の結果に $p=\dfrac{1}{2}$ を代入した

◀(3)の結果に $p=\dfrac{1}{2}$ と $k=\dfrac{1}{6}$ を代入して整理した

が得られる。　◀［考え方］参照

ここで，　相加相乗平均を考え　◀Point 6.3

$\quad q+r \geqq 2\sqrt{qr}$ ［等号成立は $q=r=\dfrac{1}{2}$ のとき］　◀［解説］を見よ

$\Leftrightarrow 4qr \geqq 2\sqrt{qr}$　◀③を代入して $q+r$ を消去した！

$\Leftrightarrow (2qr)^2 \geqq qr$　◀両辺を2で割って2乗した

$\Leftrightarrow qr \geqq \dfrac{1}{4}$　◀両辺を $4qr[>0]$ で割って qr について解いた

がいえる　ので，　◀［考え方］参照

$\dfrac{V'}{V}=\dfrac{1}{2}qr$ ……② より

$\dfrac{V'}{V}=\dfrac{1}{2}qr \geqq \dfrac{1}{2}\cdot\dfrac{1}{4}$　◀$qr \geqq \dfrac{1}{4}$ を使った

∴　$\dfrac{V'}{V} \geqq \dfrac{1}{8}$　が得られる。　◀$\dfrac{1}{2}\cdot\dfrac{1}{4}=\dfrac{1}{8}$

よって，

$\dfrac{V'}{V}$ の最小値は $\dfrac{1}{8}$ である。

[解説] $q+r \geq 2\sqrt{qr}$ の等号が成立する条件について

$q+r \geq 2\sqrt{qr}$ の等号が成立する条件は $q=r$ ◀ **Point 6.3**

なので,

$q=r$ を $q+r=4qr$ …… ③ に代入する と, ◀ q と r を求める

$q+q = 4q \cdot q$ ◀ $q=r$ を使って r を消去した

$\Leftrightarrow 2q = 4q^2$ ◀ q だけの式!

$\Leftrightarrow \frac{1}{2}q = q^2$ ◀ 両辺を4で割った

$\therefore q = \frac{1}{2}$ が得られる。 ◀ 両辺を $q(\neq 0)$ で割って q について解いた

よって, $q=r$ を考え,
$q+r \geq 2\sqrt{qr}$ の等号が成立する条件は
$q=r=\frac{1}{2}$ であることが分かった。 ◀ 問題文の $0<q<1$ と $0<r<1$ を満たしている!

▶ $\frac{V'}{V} \geq \frac{1}{8}$ という式は,相加相乗平均(**Point 6.3**)の

$q+r \geq 2\sqrt{qr}$ を変形して得られた式なので, ◀ [考え方] 参照

$\frac{V'}{V} \geq \frac{1}{8}$ の等号が成立するときに
$q+r \geq 2\sqrt{qr}$ の等号も成立する よね。

よって,

$\frac{V'}{V} = \frac{1}{8}$ のとき $\left[\frac{V'}{V} \geq \frac{1}{8}\right.$ の等号が成立するとき$\left.\right]$ に
$q+r \geq 2\sqrt{qr}$ の等号も成立する ので,

$q+r \geq 2\sqrt{qr}$ の等号が成立する条件は $q=r=\frac{1}{2}$ であることを考え,

$\frac{V'}{V}$ が最小値の $\frac{1}{8}$ をとるとき, ◀ $\frac{V'}{V} \geq \frac{1}{8}$ の等号が成立するとき

$q=r=\frac{1}{2}$ がいえることが分かった!

総合演習 7

辺の長さが 1 である正四面体 OABC がある。点 G は，
$$4\overrightarrow{OG} = \overrightarrow{OA} + \overrightarrow{OB} + \overrightarrow{OC}$$
を満たし，3 点 P, Q, R は，それぞれ辺 OA, OB, OC 上にある。

(1) $0 < p < 1$, $0 < q < 1$, $0 < r < 1$ を満たす p, q, r に対して
$\overrightarrow{OP} = p\overrightarrow{OA}$, $\overrightarrow{OQ} = q\overrightarrow{OB}$, $\overrightarrow{OR} = r\overrightarrow{OC}$ とする。
点 G が △PQR を含む平面上にあるならば，
$$4 = \frac{1}{p} + \frac{1}{q} + \frac{1}{r}$$
が成り立つことを示せ。

(2) 点 R から △OAB におろした垂線の足を H とすると，
$$\overrightarrow{OH} = \frac{r}{3}(\overrightarrow{OA} + \overrightarrow{OB})$$
であることを示せ。

(3) 点 G が常に △PQR 上にあるように 3 点 P, Q, R を変化させるとき，三角錐 OPQR の体積の最小値を求めよ。　　　　［広島大］

[考え方]

▶(1)と(2)については **練習問題 19** 参照

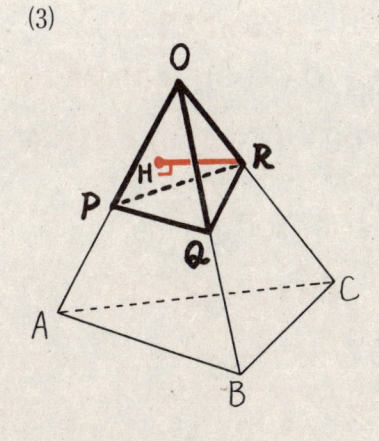

(3)

まず，(2)で
点 R から △OPQ におろした垂線の足 H
について考えているので，　◀ 左図を見よ

三角錐 OPQR の体積 V を求めるためには，
△OPQ を底面とみなし RH を高さとすればいい
よね。　◀ Point 1.10

底面積 S（△OPQ の面積）について

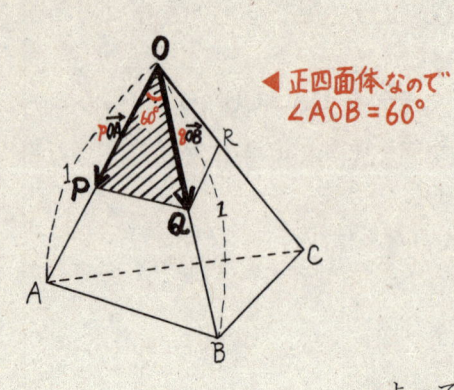

$\begin{cases} \overrightarrow{OP} = p\overrightarrow{OA} \\ \overrightarrow{OQ} = q\overrightarrow{OB} \end{cases}$ より

◀ 正四面体なので ∠AOB = 60°

$\begin{cases} |\overrightarrow{OP}| = p|\overrightarrow{OA}| \\ |\overrightarrow{OQ}| = q|\overrightarrow{OB}| \end{cases}$ がいえるので，

$\begin{cases} |\overrightarrow{OP}| = p|\overrightarrow{OA}| = \underline{p} \\ |\overrightarrow{OQ}| = q|\overrightarrow{OB}| = \underline{q} \end{cases}$ ◀ $|\overrightarrow{OA}|=1$
◀ $|\overrightarrow{OB}|=1$

が分かる。

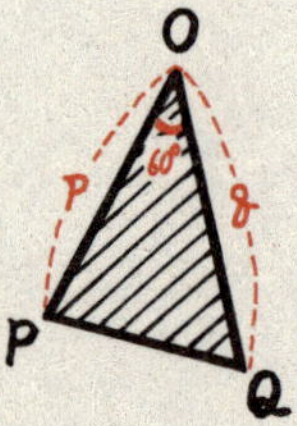

よって，
△OPQ の面積 S は

$S = \dfrac{1}{2} pq \sin 60°$ ◀ P.102 の（注）を見よ

$= \dfrac{\sqrt{3}}{4} pq$ …… ⓐ ◀ $\sin 60° = \dfrac{\sqrt{3}}{2}$

高さ h（RH の長さ）について

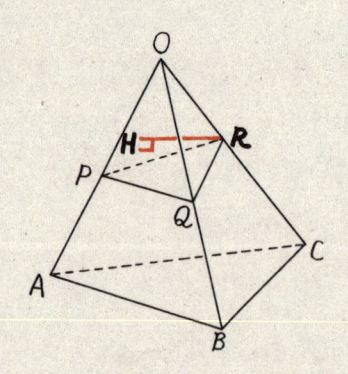

$\overrightarrow{RH} = -\overrightarrow{OR} + \overrightarrow{OH}$ ◀ Point 1.9

$= -r\overrightarrow{OC} + \dfrac{r}{3}(\overrightarrow{OA} + \overrightarrow{OB})$ ◀ (2) の結果を使った

$= \dfrac{r}{3}(\overrightarrow{OA} + \overrightarrow{OB} - 3\overrightarrow{OC})$ より ◀ $\dfrac{r}{3}$ でくくった

$|\overrightarrow{RH}| = \dfrac{r}{3}|\overrightarrow{OA} + \overrightarrow{OB} - 3\overrightarrow{OC}|$ …… ⑩

がいえるので， ◀ $\vec{a} = \vec{b} \Rightarrow |\vec{a}| = |\vec{b}|$

$|\overrightarrow{RH}|^2 = \left(\dfrac{r}{3}|\overrightarrow{OA}+\overrightarrow{OB}-3\overrightarrow{OC}|\right)^2$ ◀⑩のままでは計算ができないので両辺を2乗した

$\qquad = \dfrac{r^2}{9}(|\overrightarrow{OA}|^2+|\overrightarrow{OB}|^2+9|\overrightarrow{OC}|^2+2\overrightarrow{OA}\cdot\overrightarrow{OB}-6\overrightarrow{OA}\cdot\overrightarrow{OC}-6\overrightarrow{OB}\cdot\overrightarrow{OC})$ ◀展開した

$\qquad = \dfrac{r^2}{9}\left(1^2+1^2+9\cdot1^2+2\cdot\dfrac{1}{2}-6\cdot\dfrac{1}{2}-6\cdot\dfrac{1}{2}\right)$ ◀④,⑤,⑥,⑦,⑧,⑨を代入した

$\qquad = \dfrac{r^2}{9}\cdot 6$ ◀$1+1+9+1-3-3=\underline{6}$

$\qquad = \dfrac{2}{3}r^2$ を考え,

$|\overrightarrow{RH}| = \sqrt{\dfrac{2}{3}}\,r$

$\qquad = \dfrac{\sqrt{6}}{3}r$ が得られる。 ◀分母分子に$\sqrt{3}$を掛けて有理化した

よって,

$h = \dfrac{\sqrt{6}}{3}r$ ……Ⓑ ◀$h=|\overrightarrow{RH}|$

以上より, $\boxed{V=\dfrac{1}{3}\cdot S\cdot h}$ を考え, ◀Point 3.4

$V = \dfrac{1}{3}\cdot\dfrac{\sqrt{3}}{4}pq\cdot\dfrac{\sqrt{6}}{3}r$ ◀ⒶとⒷを代入した

$\quad = \dfrac{\sqrt{2}}{12}pqr$ ……Ⓒ が得られた。 ◀Vを求めることができた!

よって, $V = \dfrac{\sqrt{2}}{12}pqr$ ……Ⓒ より,
三角錐OPQRの体積 V の最小値を求めるためには
pqr の最小値が分かればよい, ということが分かるよね。 ◀$\dfrac{\sqrt{2}}{12}$は定数なので!

そこで，
以下，<u>pqr の最小値について考えよう。</u>

p, q, r については (1) で
$\frac{1}{p}+\frac{1}{q}+\frac{1}{r}=4$ という関係式を導いたよね。

だけど，
$\frac{1}{p}+\frac{1}{q}+\frac{1}{r}=4$ という式は まだどこにも使っていないので，

Point 1.10（入試問題では前の問題の結果が使える！）を考え，

pqr の最小値を求めるときに $\frac{1}{p}+\frac{1}{q}+\frac{1}{r}=4$ が使えそう だよね。

そこで，
<u>$\frac{1}{p}+\frac{1}{q}+\frac{1}{r}=4$ を使って pqr の最小値を求めてみよう。</u>

まず，
$\frac{1}{p}+\frac{1}{q}+\frac{1}{r}=4$ を使って pqr の最小値を求めるためには

$\frac{1}{p}+\frac{1}{q}+\frac{1}{r}$ と pqr に関する不等式 があればいいよね。

そこで，$\frac{1}{p}+\frac{1}{q}+\frac{1}{r}$ と pqr に関する不等式 を導くために

次の **Point 6.4** が必要になる。

Point 6.4 〈相加相乗平均（3変数の場合）〉

$a>0$, $b>0$, $c>0$ のとき，
$\underline{a+b+c \geqq 3\sqrt[3]{abc}}$ が成立する。
（等号が成立するのは $\underaccent{\sim}{a=b=c}$ のときである。）

▶ $a+b+c \geqq 3\sqrt[3]{abc}$ は
$a+b+c$（和）と abc（積）に関する不等式である！

まず,

> $\dfrac{1}{p}+\dfrac{1}{q}+\dfrac{1}{r}$ (和) の "積の形" を考えると
> $\dfrac{1}{p}\cdot\dfrac{1}{q}\cdot\dfrac{1}{r}=\dfrac{1}{pqr}$ のように pqr が出てくる

よね。 ◀ +を・に変える
◀ $\dfrac{1}{p}\cdot\dfrac{1}{q}\cdot\dfrac{1}{r}=\dfrac{1}{p\cdot q\cdot r}$

つまり,

> $\dfrac{1}{p}+\dfrac{1}{q}+\dfrac{1}{r}$ (和) と $\dfrac{1}{pqr}$ (積) に関する不等式を導けば, それが
> $\dfrac{1}{p}+\dfrac{1}{q}+\dfrac{1}{r}$ と pqr に関する不等式になる

のである!

そこで,

> $\dfrac{1}{p}+\dfrac{1}{q}+\dfrac{1}{r}$ (和) と $\dfrac{1}{pqr}$ (積) に関する不等式を導くためには
> 相加相乗平均 (**Point 6.4**) を使えばいい

ので, ◀ Point 6.4の下を見よ!

Point 6.4 を考え,

$$\dfrac{1}{p}+\dfrac{1}{q}+\dfrac{1}{r} \geq 3\sqrt[3]{\dfrac{1}{p}\cdot\dfrac{1}{q}\cdot\dfrac{1}{r}}$$ ◀ $a+b+c \geq 3\sqrt[3]{a\cdot b\cdot c}$

$$\therefore \dfrac{1}{p}+\dfrac{1}{q}+\dfrac{1}{r} \geq 3\sqrt[3]{\dfrac{1}{pqr}} \quad \cdots\cdots (\bigstar)$$

◀ $\dfrac{1}{p}+\dfrac{1}{q}+\dfrac{1}{r}$ と pqr に関する不等式が導けた!

が得られた!

よって, (1)の $\dfrac{1}{p}+\dfrac{1}{q}+\dfrac{1}{r}=4$ より,

$$\dfrac{1}{p}+\dfrac{1}{q}+\dfrac{1}{r} \geq 3\sqrt[3]{\dfrac{1}{pqr}} \quad \cdots\cdots (\bigstar)$$

$\Leftrightarrow 4 \geq 3\sqrt[3]{\dfrac{1}{pqr}}$ ◀ $\dfrac{1}{p}+\dfrac{1}{q}+\dfrac{1}{r}=4$ を代入して pqr だけの式にした!

$\Leftrightarrow 4 \geq 3\left(\dfrac{1}{pqr}\right)^{\frac{1}{3}}$ ◀ $\sqrt[3]{A}=A^{\frac{1}{3}}$

$\Leftrightarrow 4^3 \geq 3^3\left(\dfrac{1}{pqr}\right)$ ◀ 両辺を3乗して考えにくい $\sqrt[3]{}$ をなくした!

$\Leftrightarrow 64\,pqr \geq 27$ ◀ 両辺に $pqr\,[>0]$ を掛けて分母を払った

∴ $pqr \geqq \dfrac{27}{64}$ ……(★)′ ◀ 両辺を64で割ってpqrについて解いた

が得られるので， ◀ pqrの最小値は $\dfrac{27}{64}$ であることが分かった！

$V = \dfrac{\sqrt{2}}{12} pqr$ ……㋐ より

$V = \dfrac{\sqrt{2}}{12} pqr$ ……㋐

$\geqq \dfrac{\sqrt{2}}{12} \cdot \dfrac{27}{64}$ ◀ $pqr \geqq \dfrac{27}{64}$ ……(★)′ を使った

∴ $V \geqq \dfrac{9\sqrt{2}}{256}$ が得られた！ ◀ $\dfrac{\sqrt{2}}{12} \cdot \dfrac{27}{64} = \dfrac{\sqrt{2}}{3 \cdot 4} \cdot \dfrac{3 \cdot 9}{64} = \dfrac{9\sqrt{2}}{256}$

よって，$V \geqq \dfrac{9\sqrt{2}}{256}$ から

V の最小値は $\dfrac{9\sqrt{2}}{256}$ であることが分かった！

[解答]
▶(1)と(2)については 練習問題19 参照

(3)

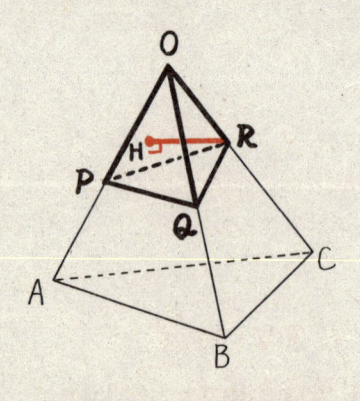

三角錐 OPQR の体積を V，
底面 OPQ の面積を S，
高さ RH の長さを h とおく。

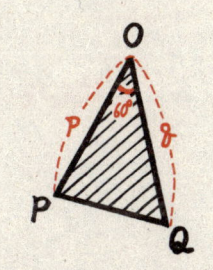

左図を考え，

$$S = \frac{1}{2}pq\sin 60°$$ ◀[考え方]参照

$$= \frac{\sqrt{3}}{4}pq \quad \cdots\cdots ⓐ$$ ◀$\sin 60° = \frac{\sqrt{3}}{2}$

また，

$\overrightarrow{RH} = -r\overrightarrow{OC} + \frac{r}{3}(\overrightarrow{OA} + \overrightarrow{OB})$ ◀$\overrightarrow{RH} = -\overrightarrow{OR} + \overrightarrow{OH}$

$\quad = \frac{r}{3}(\overrightarrow{OA} + \overrightarrow{OB} - 3\overrightarrow{OC})$ より ◀$\frac{r}{3}$でくくった

$h = \frac{r}{3}|\overrightarrow{OA} + \overrightarrow{OB} - 3\overrightarrow{OC}|$ がいえるので， ◀$h=|\overrightarrow{RH}|=\frac{r}{3}|\overrightarrow{OA}+\overrightarrow{OB}-3\overrightarrow{OC}|$

$|\overrightarrow{OA} + \overrightarrow{OB} - 3\overrightarrow{OC}|^2$ ◀$|\overrightarrow{OA}+\overrightarrow{OB}-3\overrightarrow{OC}|$のままでは計算ができないので2乗した！

$= |\overrightarrow{OA}|^2 + |\overrightarrow{OB}|^2 + 9|\overrightarrow{OC}|^2 + 2\overrightarrow{OA}\cdot\overrightarrow{OB} - 6\overrightarrow{OA}\cdot\overrightarrow{OC} - 6\overrightarrow{OB}\cdot\overrightarrow{OC}$ ◀展開した

$= 1^2 + 1^2 + 9\cdot 1^2 + 2\cdot\frac{1}{2} - 6\cdot\frac{1}{2} - 6\cdot\frac{1}{2}$ ◀(2)の③と④を代入した

$= 6$ を考え，◀$1+1+9+1-3-3=6$

$h = \frac{r}{3}|\overrightarrow{OA} + \overrightarrow{OB} - 3\overrightarrow{OC}|$

$\quad = \frac{\sqrt{6}}{3}r \quad \cdots\cdots ⓑ$ が得られる。 ◀$|\overrightarrow{OA}+\overrightarrow{OB}-3\overrightarrow{OC}|=\sqrt{6}$を代入した

以上より，ⓐとⓑを考え

$V = \frac{1}{3}\cdot\frac{\sqrt{3}}{4}pq\cdot\frac{\sqrt{6}}{3}r$ ◀$V=\frac{1}{3}\cdot S\cdot h$ (Point 3.4)

$\quad = \frac{\sqrt{2}}{12}pqr \quad \cdots\cdots ⓒ$ が得られた。 ◀Vを求めることができた！

ここで，相加相乗平均を考え ◀ Point 6.4

$\dfrac{1}{p}+\dfrac{1}{q}+\dfrac{1}{r} \geqq 3\sqrt[3]{\dfrac{1}{pqr}}$ [等号成立は $p=q=r=\dfrac{3}{4}$ のとき] ◀[解説]視よ

$\Leftrightarrow 4 \geqq 3\sqrt[3]{\dfrac{1}{pqr}}$ ◀(1)の $\dfrac{1}{p}+\dfrac{1}{q}+\dfrac{1}{r}=4$ を代入した！

$\Leftrightarrow pqr \geqq \dfrac{27}{64}$ ◀pqrについて解いた([考え方]参照)

がいえる ので，

$V=\dfrac{\sqrt{2}}{12}pqr$ ……⑦ より

$V=\dfrac{\sqrt{2}}{12}pqr \geqq \dfrac{\sqrt{2}}{12} \cdot \dfrac{27}{64}$ ◀$pqr \geqq \dfrac{27}{64}$ を使った

$\therefore V \geqq \dfrac{9\sqrt{2}}{256}$ が得られる。 ◀$\dfrac{\sqrt{2}}{12} \cdot \dfrac{27}{64} = \dfrac{\sqrt{2}}{3\cdot 4} \cdot \dfrac{3\cdot 9}{64} = \dfrac{9\sqrt{2}}{256}$

よって，

三角錐 OPQR の体積の最小値は $\dfrac{9\sqrt{2}}{256}$ である。

空間図形に関する応用問題　145

[解説] $\dfrac{1}{p}+\dfrac{1}{q}+\dfrac{1}{r} \geq 3\sqrt[3]{\dfrac{1}{pqr}}$ の等号が成立する条件について

$a+b+c \geq 3\sqrt[3]{abc}$ の等号が成立する条件は
$a=b=c$ なので，◀ Point 6.4

$\dfrac{1}{p}+\dfrac{1}{q}+\dfrac{1}{r} \geq 3\sqrt[3]{\dfrac{1}{pqr}}$ の等号が成立する条件は

$\dfrac{1}{p}=\dfrac{1}{q}=\dfrac{1}{r}$ だよね。◀ $a=\dfrac{1}{p}, b=\dfrac{1}{q}, c=\dfrac{1}{r}$ の場合

さらに，
$\dfrac{1}{p}+\dfrac{1}{q}+\dfrac{1}{r}=4$ より，◀ (1)で求めたp,q,rの関係式！

　　$\dfrac{1}{p}+\dfrac{1}{p}+\dfrac{1}{p}=4$ ◀ $\dfrac{1}{p}=\dfrac{1}{q}=\dfrac{1}{r}$ を使ってpだけの式にした

$\Leftrightarrow \dfrac{3}{p}=4$

∴ $p=\dfrac{3}{4}$ ◀ pについて解いた

よって，
$\dfrac{1}{p}=\dfrac{1}{q}=\dfrac{1}{r}$ を考え ◀ $\dfrac{1}{p}=\dfrac{1}{q}=\dfrac{1}{r}$ から $p=q=r$ が分かる！

$p=q=r=\dfrac{3}{4}$ が得られるので，

$\dfrac{1}{p}+\dfrac{1}{q}+\dfrac{1}{r} \geq 3\sqrt[3]{\dfrac{1}{pqr}}$ の等号が成立する条件は

$p=q=r=\dfrac{3}{4}$ であることが分かった。◀ 問題文の 0<p<1 と 0<q<1 と 0<r<1 を満たしている！

▶ $V \geqq \dfrac{9\sqrt{2}}{256}$ という式は，相加相乗平均（**Point 6.4**）の

$\dfrac{1}{p}+\dfrac{1}{q}+\dfrac{1}{r} \geqq 3\sqrt[3]{\dfrac{1}{pqr}}$ を変形して得られた式なので，◀[考え方]参照

$V \geqq \dfrac{9\sqrt{2}}{256}$ の等号が成立するときに

$\dfrac{1}{p}+\dfrac{1}{q}+\dfrac{1}{r} \geqq 3\sqrt[3]{\dfrac{1}{pqr}}$ の等号も成立する よね。

よって，

$V = \dfrac{9\sqrt{2}}{256}$ のとき $\left[V \geqq \dfrac{9\sqrt{2}}{256}\text{ の等号が成立するとき} \right]$ に

$\dfrac{1}{p}+\dfrac{1}{q}+\dfrac{1}{r} \geqq 3\sqrt[3]{\dfrac{1}{pqr}}$ の等号も成立する ので，

$\dfrac{1}{p}+\dfrac{1}{q}+\dfrac{1}{r} \geqq 3\sqrt[3]{\dfrac{1}{pqr}}$ の等号が成立する条件は

$p=q=r=\dfrac{3}{4}$ であることを考え，

V が最小値の $\dfrac{9\sqrt{2}}{256}$ をとるとき， ◀ $V \geqq \dfrac{9\sqrt{2}}{256}$ の等号が成立するとき

$p=q=r=\dfrac{3}{4}$ がいえることが分かった！

<メモ>

Point 一覧表 〜索引にかえて〜

Point 1.1 〈ベクトルの基本的な性質Ⅰ〉 ——(平面図形編 P.2)

　ベクトルは方向と大きさによって決まるので，方向と大きさが共に等しいベクトルは同じベクトルである。

Point 1.2 〈ベクトルの合成〉 ——(平面図形編 P.4)

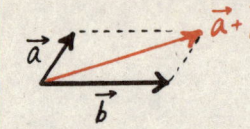

$\vec{a}+\vec{b}$ は左図のようになる。
◀ 平行四辺形になっている！

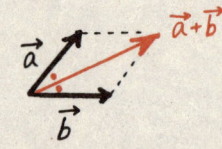

特に，$\vec{a}$ と $\vec{b}$ の大きさが等しいときには $\vec{a}+\vec{b}$ は左図のようになる。
◀ ひし形になっているので $\vec{a}+\vec{b}$ は，$\vec{a}$ と $\vec{b}$ のなす角を二等分している！

Point 1.3 〈ベクトルの基本的な性質Ⅱ〉 ——(平面図形編 P.5)

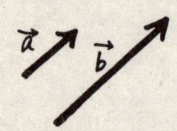

$\vec{a}$ と $\vec{b}$ は方向が同じで $\vec{b}$ の大きさが $\vec{a}$ の大きさの t 倍ならば $\vec{b}=t\vec{a}$ がいえる。

Point 1.4 〈ベクトルの基本的な性質Ⅲ〉 ——(平面図形編 P.6)

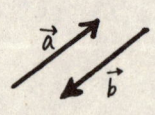

$\vec{a}$ と $\vec{b}$ の大きさが等しくて方向が逆ならば $\vec{b}=-\vec{a}$ がいえる。

Point 1.5 〈内分の公式〉 ──────────（平面図形編 P.9）

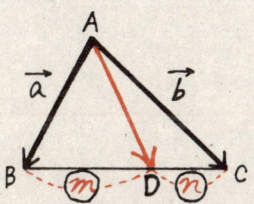

左図のように，
点 D が BC を $m:n$ に内分するとき
$$\overrightarrow{AD} = \frac{1}{m+n}(n\vec{a} + m\vec{b})$$
がいえる。

Point 1.6 〈中点の公式〉 ──────────（平面図形編 P.10）

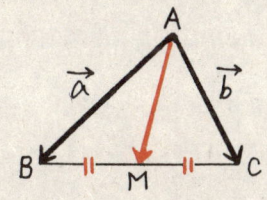

左図のように，
点 M が BC の中点になっているとき
$$\overrightarrow{AM} = \frac{1}{2}(\vec{a} + \vec{b})$$
がいえる。

Point 1.7 〈三角形の重心の公式〉 ──────（平面図形編 P.12）

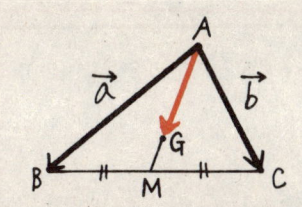

点 G を左図のような
三角形 ABC の重心とすると，
$$\overrightarrow{AG} = \frac{1}{3}(\vec{a} + \vec{b})$$ ◀ $\overrightarrow{AG} = \frac{1}{3}(\overrightarrow{AB} + \overrightarrow{AC})$
がいえる。

Point 1.8 〈角の二等分線に関する重要な公式〉 －（平面図形編 P.13）

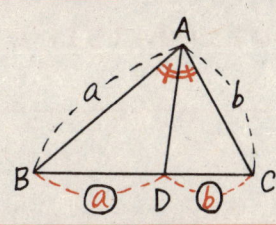

$\angle BAD = \angle CAD$ のとき，
$AB = a$, $AC = b$ とすると
$BD:DC = a:b$
がいえる。

Point 1.9 〈ベクトルの始点の移動公式〉 ——（平面図形編 P.15）

2点 A, B について，点 O がどこにあっても必ず次の関係が成立する。
$$\vec{AB} = -\vec{OA} + \vec{OB}$$

Point 1.10 〈入試問題（誘導問題）の考え方〉 ——（平面図形編［解答編］P.6）

入試問題で(1), (2), ……のような形で出題されていれば，ほぼ確実に前問の結果は次の問題のヒントになっている！

Point 1.11 〈三角形の重心の公式の一般形〉 ——（平面図形編［解答編］P.8）

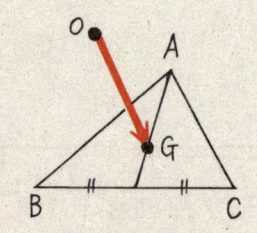

点 G を左図のような三角形 ABC の重心とすると
$$\vec{OG} = \frac{1}{3}(\vec{OA} + \vec{OB} + \vec{OC})$$
がいえる。 ◀Oはどこにあってもよい！

Point 1.12 〈三角形の内心の公式の一般形〉 ——（平面図形編［解答編］P.9）

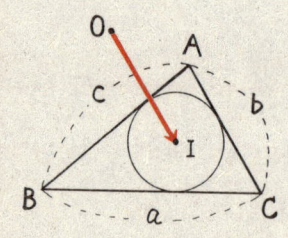

点 I を左図のような三角形 ABC の内心とすると
$$\vec{OI} = \frac{1}{a+b+c}(a\vec{OA} + b\vec{OB} + c\vec{OC})$$
がいえる。 ◀Oはどこにあってもよい！

| Point 1.13 | 〈1次独立なベクトルに関する公式Ⅰ〉 ─（平面図形編 P.23）

$\overrightarrow{OA}$ と $\overrightarrow{OB}$ が1次独立なとき　◀「1次独立」についてはP.24を見よ
$a\overrightarrow{OA} + b\overrightarrow{OB} = \alpha\overrightarrow{OA} + \beta\overrightarrow{OB}$ ならば
$a=\alpha$ と $b=\beta$ がいえる。　◀ $\overrightarrow{OA}$ と $\overrightarrow{OB}$ の係数がそれぞれ等しい！

| Point 1.14 | 〈$\overrightarrow{OP}$（ベクトル）の求め方〉 ──（平面図形編 P.25）

― Step 1 ―
Point 1.13 を使うために
$\overrightarrow{OP}$ を $\overrightarrow{OA}$ と $\overrightarrow{OB}$ だけを用いて，2通りで表す。

▶ $\begin{cases} \overrightarrow{OP} = a\overrightarrow{OA} + b\overrightarrow{OB} & \cdots\cdots ① \\ \overrightarrow{OP} = \alpha\overrightarrow{OA} + \beta\overrightarrow{OB} & \cdots\cdots ② \end{cases}$

― Step 2 ―
①と②から
$a\overrightarrow{OA} + b\overrightarrow{OB} = \alpha\overrightarrow{OA} + \beta\overrightarrow{OB}$ がいえるので，　◀ $\overrightarrow{OP}=\overrightarrow{OP}$
Point 1.13 より $a=\alpha$ と $b=\beta$ が得られる！

| Point 1.15 | 〈線分の比の置き方〉 ──────（平面図形編 P.27）

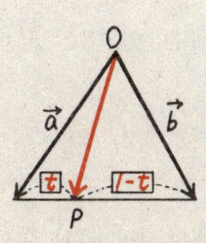

点Pが線分を □ : □ に内分しているのか
分からないときは，
内分比を左図のように
$t : 1-t$（または $1-t : t$）
とおけ！　◀ P.46の［参考事項］を見よ

> **Point 1.16** 〈3点が同一直線上にある条件〉——（平面図形編 P.29）
>
> 左図のように，
> 3点 O, A, B が同一直線上にあるとき，
> $\overrightarrow{OB} = k\overrightarrow{OA}$（$k$ は適当な定数）
> がいえる。

> **Point 2.1** 〈ベクトルの内積の定義〉——（平面図形編 P.48）
>
> $\vec{a}$ と $\vec{b}$ のなす角を θ ($0° \leq \theta \leq 180°$) とおくと
> $\vec{a}$ と $\vec{b}$ の内積 $\vec{a} \cdot \vec{b}$ は
> $\vec{a} \cdot \vec{b} = |\vec{a}||\vec{b}|\cos\theta$ ◀ $\vec{a}$ と $\vec{b}$ の内積は，($\vec{a}$ の大きさ) と ($\vec{b}$ の大きさ) と $\cos\theta$ の積で表すことができる！
> となる。

> **Point 2.2** 〈2つのベクトルが垂直であるための条件〉—（平面図形編 P.49）
>
> $\vec{a} \neq \vec{0}$, $\vec{b} \neq \vec{0}$ のとき，
> $\vec{a} \perp \vec{b} \Leftrightarrow \vec{a} \cdot \vec{b} = 0$

> **Point 2.3** 〈内積の基本公式〉——（平面図形編 P.49）
>
> $\vec{a} \cdot \vec{a} = |\vec{a}|^2$

> **Point 2.4** 〈ベクトルの内積（成分の場合）〉—（平面図形編 P.50）
>
> $\vec{a} = (\alpha, \beta)$, $\vec{b} = (x, y)$ のとき
> $\vec{a} \cdot \vec{b} = \alpha x + \beta y$ ◀ x 座標と y 座標をそれぞれ掛けて加える

> **Point 2.5** 〈ベクトルの大きさ〉——（平面図形編 P.50）
>
> $\vec{a} = (x, y)$ のとき，$|\vec{a}| = \sqrt{x^2 + y^2}$ がいえる。

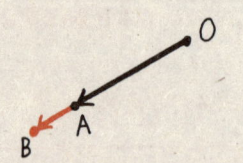

Point 2.6 〈ベクトルのなす角の求め方〉 ──(平面図形編 P.51)

ベクトルのなす角を求める問題では
内積 $\vec{a}\cdot\vec{b}=|\vec{a}||\vec{b}|\cos\theta$ を使って求めよ！

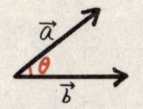

Point 2.4′ 〈ベクトルの内積(成分の場合)〉 ──(平面図形編 P.52)

$\vec{a}=(\alpha,\ \beta,\ \gamma),\ \vec{b}=(x,\ y,\ z)$ のとき
$\vec{a}\cdot\vec{b}=\alpha x+\beta y+\gamma z$ ◀ x座標とy座標とz座標をそれぞれ掛けて加える

Point 2.7 〈ベクトルの内積の展開公式Ⅰ〉 ──(平面図形編 P.52)

$(\vec{a}+\vec{b})\cdot(\vec{x}+\vec{y})=\vec{a}\cdot\vec{x}+\vec{a}\cdot\vec{y}+\vec{b}\cdot\vec{x}+\vec{b}\cdot\vec{y}$

Point 2.8 〈ベクトルの内積の展開公式Ⅱ〉 ──(平面図形編 P.55)

$|x\vec{a}+y\vec{b}|^2=x^2|\vec{a}|^2+2xy\vec{a}\cdot\vec{b}+y^2|\vec{b}|^2$

Point 2.9 〈外心の重要な性質〉 ──(平面図形編 P.64)

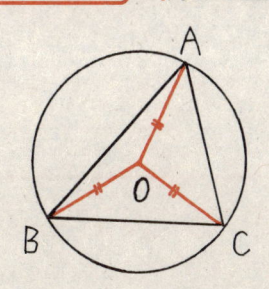

左図のように
△ABC の外心を O とおくと
OA＝OB＝OC ◀ 円の半径
がいえる。

Point 3.1 〈三角形の面積比に関する基本公式Ⅰ〉 ‐（平面図形編 P.79）

右図のとき，
$S_x : S_y = x : y$ がいえる。

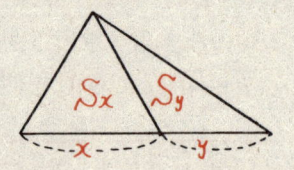

Point 3.2 〈$a\overrightarrow{OA} + b\overrightarrow{OB} + c\overrightarrow{OC} = \overrightarrow{0}$ についての面積比の公式〉 ‐（平面図形編 P.81）

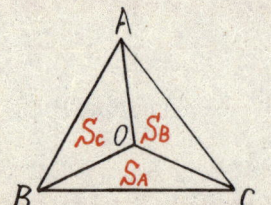

左図のような △ABC について
$a\overrightarrow{OA} + b\overrightarrow{OB} + c\overrightarrow{OC} = \overrightarrow{0}$（$a$, b, c は正の数）
が成立するとき，
$S_A : S_B : S_C = a : b : c$ がいえる。

Point 3.3 〈三角形の面積比に関する基本公式Ⅱ〉 ‐（平面図形編 P.85）

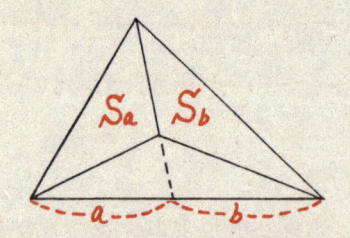

左図のとき，
$S_a : S_b = a : b$ がいえる。

Point 3.4 〈四面体（三角すい）の体積の公式〉（平面図形編 P.95）

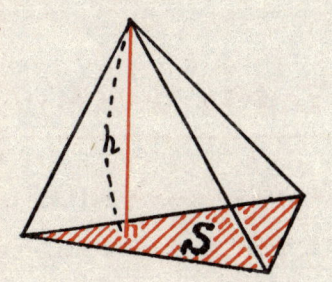

$$（四面体の体積）= \frac{1}{3} \cdot （底面積）\cdot （高さ）$$

◀ $V = \frac{1}{3} \cdot S \cdot h$

Point 1 〈3次方程式の解き方〉──（平面図形編 P.96）

Step 1 3次方程式の解を1つみつける。

Step 2 組立除法を使って，
3次方程式を (1次式)・(2次式)＝0 の形にする。

Point 2 〈整数係数の方程式の整数解について〉──（平面図形編 P.105）

整数を係数にもつ方程式 $x^n + a_{n-1}x^{n-1} \cdots + a_1 x + a_0 = 0 \ (a_0 \neq 0)$ が整数を解にもつならば，その整数解は
a_0（定数項）の約数である。

Point 一覧表 〜索引にかえて〜

Point 4.1 〈1次独立なベクトルに関する公式Ⅱ〉 ——— (P.3)

$\vec{x}$ と $\vec{y}$ と $\vec{z}$ が1次独立なとき，
$a\vec{x}+b\vec{y}+c\vec{z}=\alpha\vec{x}+\beta\vec{y}+\gamma\vec{z}$ ならば
$a=\alpha$ と $b=\beta$ と $c=\gamma$ がいえる。◀ $\vec{x}$ と $\vec{y}$ の係数がそれぞれ等しい！

Point 5.1 〈平面のベクトル表示Ⅰ〉 ——— (P.15)

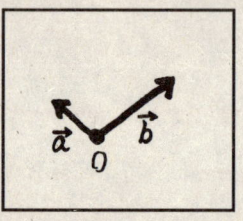

原点Oを含む平面上のすべての点は
その平面上の1次独立な2つのベクトル
$\vec{a}$, $\vec{b}$ を使って
$x\vec{a}+y\vec{b}$ [x と y はパラメーター]
と表すことができる。

Point 5.2 〈平面のベクトル表示Ⅱ〉 ——— (P.24)

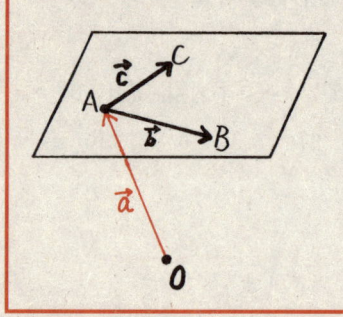

左図のように，点Aを含み，
原点Oを含まない平面上のすべての点は，
その平面上の1次独立な2つのベクトル
$\vec{b}$, $\vec{c}$ を使って
$\vec{a}+x\vec{b}+y\vec{c}$ [x と y はパラメーター]
と表すことができる。

Point 5.3 〈ベクトルが平面に対して垂直である条件〉 — (P.35)

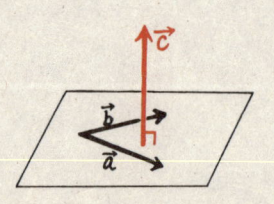

1次独立な2つのベクトル
$\vec{a}$ と $\vec{b}$ を含む平面に対して
$\vec{c}$ が垂直であるとき
$\begin{cases} \vec{a}\cdot\vec{c}=0 \\ \vec{b}\cdot\vec{c}=0 \end{cases}$ がいえる。

Point 6.1 〈ベクトルを使った三角形の面積の公式〉 ——— (P.83)

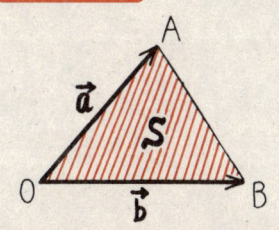

$\vec{OA} = \vec{a}$, $\vec{OB} = \vec{b}$ のとき，
△OAB の面積 S は
$$S = \frac{1}{2}\sqrt{|\vec{a}|^2|\vec{b}|^2 - (\vec{a}\cdot\vec{b})^2}\ \ となる。$$

Point 6.2 〈空間における三角形の重心の公式〉 ——— (P.100)

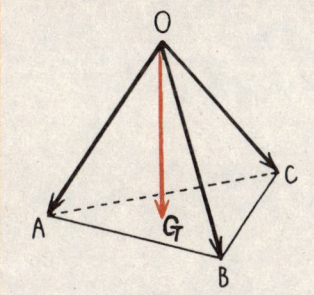

点 G を
左図のような三角形 ABC の重心とすると
$$\vec{OG} = \frac{1}{3}(\vec{OA} + \vec{OB} + \vec{OC})$$
がいえる。 ◀ O はどこにあってもよい！

Point 6.3 〈相加相乗平均（2変数の場合）〉 ——— (P.130)

$a > 0$, $b > 0$ のとき，
$a + b \geqq 2\sqrt{ab}$ が成立する。
(等号が成立するのは $a = b$ のときである。)

Point 6.4 〈相加相乗平均（3変数の場合）〉 ——— (P.140)

$a > 0$, $b > 0$, $c > 0$ のとき，
$a + b + c \geqq 3\sqrt[3]{abc}$ が成立する。
(等号が成立するのは $a = b = c$ のときである。)

<メモ>

細野真宏の
ベクトル[空間図形]が
本当によくわかる本

解答&解説編

「別冊解答・解説編」は本体にこの表紙を残したまま、ていねいに抜き取ってください。
なお、「別冊解答・解説編」抜き取りの際の損傷についてのお取り替えはご遠慮願います。

1週間集中講義シリーズ

偏差値を30から70に上げる数学 UP

細野真宏の
ベクトル[空間図形]が
本当によくわかる本

解答&解説

小学館

Section 4　空間におけるベクトルの問題
～平面ベクトルの応用～

16

[考え方]

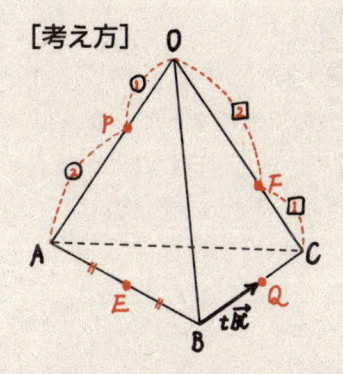

まず，
「辺 AB の中点を E，
　辺 OC を 2:1 に内分する点を F，
　辺 OA を 1:2 に内分する点を P，
　$\overrightarrow{BQ} = t\overrightarrow{BC}$ を満たす辺 BC 上の点を Q」
を図示すると，
左図のようになるよね。

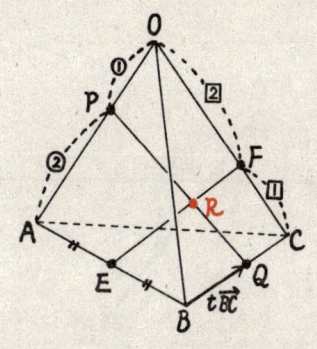

さらに，
「PQ と EF が点 R で交わる」
を図示すると
左図が得られる。

ところで，この問題は t を求める問題だけど
　t を求めるためには t の関係式を求めればいい　よね。

さらに，
　空間ベクトルにおいて 関係式を求めるためには
　1 つのベクトルを 2 通りの形で表して **Point 4.1** を使えばいい　よね。

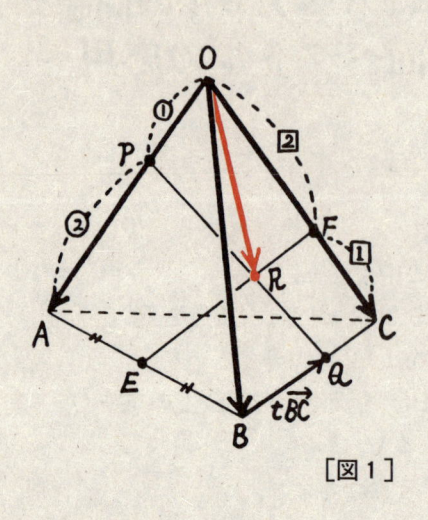

とりあえず，$\overrightarrow{OR}$ だったら簡単に
2通りの形で表すことができそう
だよね。◀ [図1]を見よ

えっ，なぜかって？

だって，[図1] のように

点 R は線分の交点になっている
ので，[図A] や [図B] のような
$\overrightarrow{OR}$ を含む2つの断面を考えれば，
(例題 18 のように) $\overrightarrow{OR}$ を
2通りの形で表すことができる

でしょ！

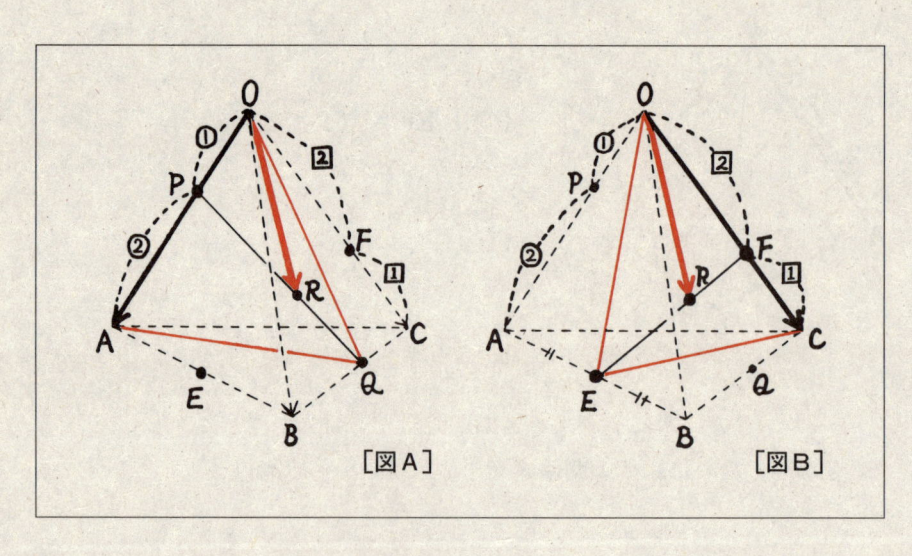

[図1]

[図A]　　　　　　[図B]

そこで，とりあえず **例題 18** と同様に，
$\overrightarrow{OR}$ を2通りの形で表し，**Point 4.1** を使うことにより
関係式を導いてみよう。

$\boxed{\overrightarrow{\mathrm{OR}} \text{ の1通りの表し方について}}$

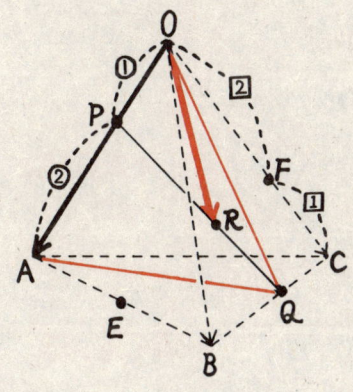

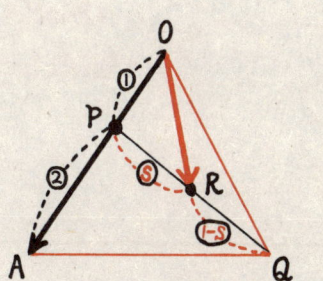

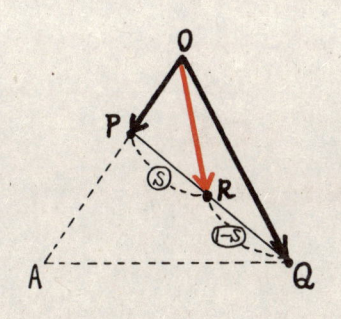

まず，左図のように
$\boxed{\overrightarrow{\mathrm{OR}} \text{ が含まれている} \\ \text{平面 } \mathbf{OAQ} \text{ による断面} \\ \text{を考えよう．}}$

次に，
PR：RQ が分からないので
Point 1.15（線分の比の置き方）
に従って，左図のように
$\boxed{\mathrm{PR}：\mathrm{RQ}=s：1-s \text{ とおこう．}}$

すると，
Point 1.5（内分の公式）より
$\overrightarrow{\mathrm{OR}}=(1-s)\overrightarrow{\mathrm{OP}}+s\overrightarrow{\mathrm{OQ}}$ ……①
のように
$\overrightarrow{\mathrm{OR}}$ を求めることができた．

あとは，例題 18 と同様に，**Point 4.1** を使うために
$\overrightarrow{\mathrm{OP}}$ と $\overrightarrow{\mathrm{OQ}}$ を $\overrightarrow{\mathrm{OA}}$, $\overrightarrow{\mathrm{OB}}$, $\overrightarrow{\mathrm{OC}}$ を使って表せばいいよね．

まず，$\overrightarrow{OP}$ は
$\overrightarrow{OP} = \dfrac{1}{3}\overrightarrow{OA}$ のように
すぐに求められるよね。◀ 左図を見よ

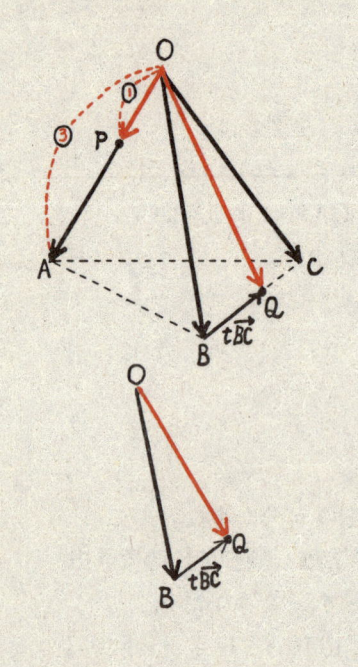

$\overrightarrow{OQ}$ については，左図を考え，
$\overrightarrow{OQ} = \overrightarrow{OB} + t\overrightarrow{BC}$ ◀ $\overrightarrow{OQ} = \overrightarrow{OB} + \overrightarrow{BQ}$
$\phantom{\overrightarrow{OQ}} = \overrightarrow{OB} + t(-\overrightarrow{OB} + \overrightarrow{OC})$ ◀ Point1.9
$\phantom{\overrightarrow{OQ}} = (1-t)\overrightarrow{OB} + t\overrightarrow{OC}$ ◀ 整理した
のように求めることができる。

よって，
$\overrightarrow{OR} = (1-s)\overrightarrow{OP} + s\overrightarrow{OQ}$ ……①
$\phantom{\overrightarrow{OR}} = (1-s)\cdot\dfrac{1}{3}\overrightarrow{OA} + s\{(1-t)\overrightarrow{OB} + t\overrightarrow{OC}\}$
$\phantom{\overrightarrow{OR}} = \dfrac{1}{3}(1-s)\overrightarrow{OA} + s(1-t)\overrightarrow{OB} + st\overrightarrow{OC}$ ……①′ ◀ 展開した
が得られる。 ◀ $\overrightarrow{OR}$ を $\overrightarrow{OA}$ と $\overrightarrow{OB}$ と $\overrightarrow{OC}$ を使って表すことができた！

空間におけるベクトルの問題 5

$\boxed{\overrightarrow{OR} \text{のもう1通りの表し方について}}$

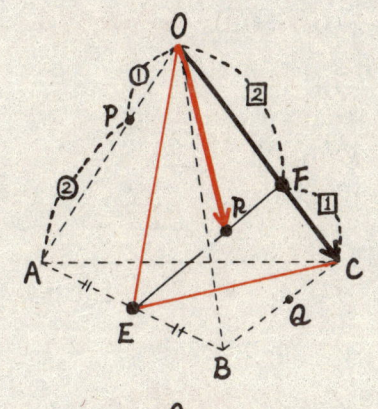

次に，左図のように
$\boxed{\overrightarrow{OR} \text{が含まれている} \\ \text{もう1つの平面 OEC}}$
による断面を考えよう。

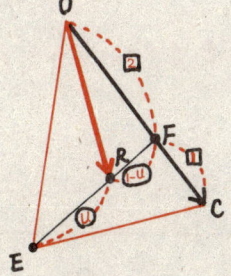

まず，
ER：RF が分からないので
Point 1.15（線分の比の置き方）
に従って，左図のように
$\boxed{\text{ER：RF} = u : 1-u \text{ とおこう。}}$

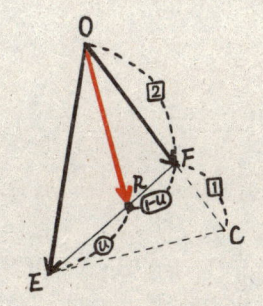

すると，
Point 1.5（内分の公式）より
$\overrightarrow{OR} = (1-u)\overrightarrow{OE} + u\overrightarrow{OF}$ ……②
のように
$\overrightarrow{OR}$ を求めることができた。

あとは，
$\overrightarrow{OE}$ と $\overrightarrow{OF}$ を $\overrightarrow{OA}$, $\overrightarrow{OB}$, $\overrightarrow{OC}$ を使って表せばいいよね。

左図より

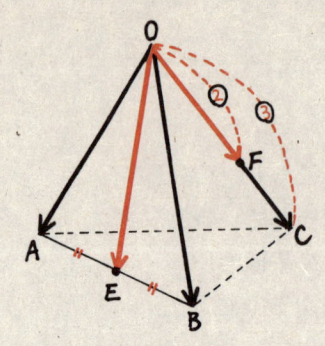

$$\begin{cases} \overrightarrow{OE} = \dfrac{1}{2}(\overrightarrow{OA}+\overrightarrow{OB}) \\ \overrightarrow{OF} = \dfrac{2}{3}\overrightarrow{OC} \end{cases}$$ ◀ Point 1.6

がいえるので,

$$\overrightarrow{OR} = (1-u)\overrightarrow{OE} + u\overrightarrow{OF} \ \cdots\cdots \ ②$$

$$= (1-u)\cdot\dfrac{1}{2}(\overrightarrow{OA}+\overrightarrow{OB}) + u\cdot\dfrac{2}{3}\overrightarrow{OC}$$

$$= \dfrac{1}{2}(1-u)\overrightarrow{OA} + \dfrac{1}{2}(1-u)\overrightarrow{OB} + \dfrac{2}{3}u\overrightarrow{OC} \ \cdots\cdots \ ②'$$ ◀展開した

が得られる。 ◀ $\overrightarrow{OR}$ を $\overrightarrow{OA}$ と $\overrightarrow{OB}$ と $\overrightarrow{OC}$ を使って表すことができた!

以上より,

$$\begin{cases} \overrightarrow{OR} = \dfrac{1}{3}(1-s)\overrightarrow{OA} + s(1-t)\overrightarrow{OB} + st\overrightarrow{OC} \ \cdots\cdots \ ①' \\ \overrightarrow{OR} = \dfrac{1}{2}(1-u)\overrightarrow{OA} + \dfrac{1}{2}(1-u)\overrightarrow{OB} + \dfrac{2}{3}u\overrightarrow{OC} \ \cdots\cdots \ ②' \end{cases}$$

が得られた。 ◀ $\overrightarrow{OR}$ を2通りの形で表すことができた!

①'と②'から,$\overrightarrow{OR} = \overrightarrow{OR}$ を考え

$$\dfrac{1}{3}(1-s)\overrightarrow{OA} + s(1-t)\overrightarrow{OB} + st\overrightarrow{OC} = \dfrac{1}{2}(1-u)\overrightarrow{OA} + \dfrac{1}{2}(1-u)\overrightarrow{OB} + \dfrac{2}{3}u\overrightarrow{OC} \ \cdots\cdots \ (*)$$

が得られるよね。

さらに，**Point 4.1** を考え，(＊) から

$$\begin{cases} \dfrac{1}{3}(1-s) = \dfrac{1}{2}(1-u) \quad \cdots\cdots \text{ⓐ} \\ s(1-t) = \dfrac{1}{2}(1-u) \quad \cdots\cdots \text{ⓑ} \\ st = \dfrac{2}{3}u \quad \cdots\cdots \text{ⓒ} \end{cases}$$

◀($\vec{OA}$の係数)＝($\vec{OA}$の係数)
◀($\vec{OB}$の係数)＝($\vec{OB}$の係数)
◀($\vec{OC}$の係数)＝($\vec{OC}$の係数)

がいえるよね。

ところで，この問題は"t だけを求めればいい問題"だけれど，いきなり t を求めるのは 無理そうだよね。 ◀下の(注)を見よ

そこで，とりあえず例題18と同じ方法で，

ⓐ，ⓑ，ⓒから s と t を消去して u だけの式 を導こう。

(注) 特殊な形の連立方程式の考え方

$$\begin{cases} \dfrac{1}{3} - \dfrac{1}{3}s = \dfrac{1}{2} - \dfrac{1}{2}u \quad \cdots\cdots \text{ⓐ}' \\ s - st = \dfrac{1}{2} - \dfrac{1}{2}u \quad \cdots\cdots \text{ⓑ}' \\ st = \dfrac{2}{3}u \quad \cdots\cdots \text{ⓒ} \end{cases}$$

◀s と u の1次式
◀st が入っている
◀st が入っている

▶ s と t に関しては，st という積の形があるので
 s だけの式 や t だけの式 を導くのは難しそうだが，
 u に関しては，"他の文字との積の形"が全くないので
 比較的ラクに u だけの式 を導くことができる！

まず，

ⓑ'＋ⓒ を考え，st を消去する と，

◀$\begin{cases} s - st = \dfrac{1}{2} - \dfrac{1}{2}u \quad \cdots\cdots \text{ⓑ}' \\ st = \dfrac{2}{3}u \quad \cdots\cdots \text{ⓒ} \end{cases}$

$$s = \dfrac{1}{2} - \dfrac{1}{2}u + \dfrac{2}{3}u \quad \cdots\cdots \text{ⓓ}$$ ◀s と u の1次式

が得られる。

さらに，

$\boxed{3\times ⓐ'+ⓓ \text{ を考え，} s \text{ を消去する}}$ と， ◀ $\begin{cases} 1-s=\dfrac{3}{2}-\dfrac{3}{2}u \quad \cdots\cdots 3\times ⓐ' \\ s=\dfrac{1}{2}-\dfrac{1}{2}u+\dfrac{2}{3}u \quad \cdots\cdots ⓓ \end{cases}$

$\quad 1=\dfrac{3}{2}-\dfrac{3}{2}u+\dfrac{1}{2}-\dfrac{1}{2}u+\dfrac{2}{3}u$ ◀ u だけの式！

$\Leftrightarrow 1=2-2u+\dfrac{2}{3}u$ ◀ $1=\dfrac{4}{2}-\dfrac{4}{2}u+\dfrac{2}{3}u$

$\Leftrightarrow \dfrac{4}{3}u=1$ ◀ $2u-\dfrac{2}{3}u=\dfrac{6}{3}u-\dfrac{2}{3}u=\dfrac{4}{3}u$

$\therefore\ u=\dfrac{3}{4}$ ◀ とりあえず u を求めることができた

ここで，

$\boxed{u=\dfrac{3}{4} \text{ を } \dfrac{1}{3}-\dfrac{1}{3}s=\dfrac{1}{2}-\dfrac{1}{2}u \ \cdots\cdots ⓐ' \text{ に代入する}}$ と， ◀ s を求める

$\quad \dfrac{1}{3}-\dfrac{1}{3}s=\dfrac{1}{2}-\dfrac{1}{2}\cdot\dfrac{3}{4}$ ◀ s だけの式！

$\Leftrightarrow \dfrac{1}{3}-\dfrac{1}{3}s=\dfrac{1}{2}-\dfrac{3}{8}$

$\Leftrightarrow \dfrac{1}{3}s=\dfrac{5}{24}$ ◀ $\dfrac{1}{3}-\dfrac{1}{2}+\dfrac{3}{8}=\dfrac{8}{24}-\dfrac{12}{24}+\dfrac{9}{24}=\dfrac{5}{24}$

$\therefore\ s=\dfrac{5}{8}$ ◀ s を求めることができた

さらに，

$\boxed{u=\dfrac{3}{4} \text{ と } s=\dfrac{5}{8} \text{ を } st=\dfrac{2}{3}u \ \cdots\cdots ⓒ \text{ に代入する}}$ と， ◀ t を求める

$\quad \dfrac{5}{8}t=\dfrac{2}{3}\cdot\dfrac{3}{4}$ ◀ t だけの式！

$\Leftrightarrow \dfrac{5}{8}t=\dfrac{1}{2}$

$\therefore\ t=\dfrac{4}{5}$ ◀ t を求めることができた！

[解答]

$PR:RQ = s:1-s$
$ER:RF = u:1-u$
とおく と、 ◀ Point 1.5

$$\begin{cases} \overrightarrow{OR} = (1-s)\overrightarrow{OP} + s\overrightarrow{OQ} & \cdots\cdots ① \\ \overrightarrow{OR} = (1-u)\overrightarrow{OE} + u\overrightarrow{OF} & \cdots\cdots ② \end{cases}$$

がいえる。 ◀ Point 1.15

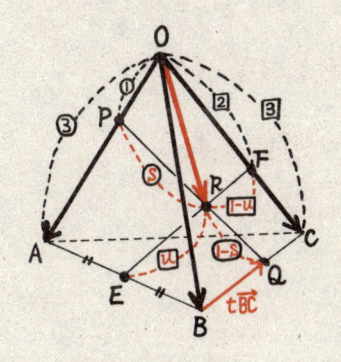

さらに、上図を考え、

$$\begin{cases} \overrightarrow{OP} = \dfrac{1}{3}\overrightarrow{OA} \\ \overrightarrow{OQ} = (1-t)\overrightarrow{OB} + t\overrightarrow{OC} \quad \blacktriangleleft \overrightarrow{OQ} = \overrightarrow{OB} + \overrightarrow{BQ} = \overrightarrow{OB} + t\overrightarrow{BC} = \overrightarrow{OB} + t(-\overrightarrow{OB} + \overrightarrow{OC}) \\ \overrightarrow{OE} = \dfrac{1}{2}(\overrightarrow{OA} + \overrightarrow{OB}) \\ \overrightarrow{OF} = \dfrac{2}{3}\overrightarrow{OC} \end{cases}$$ がいえるので、 ◀[考え方]参照

これらを①と②に代入すると、

$$\begin{cases} \overrightarrow{OR} = \dfrac{1}{3}(1-s)\overrightarrow{OA} + s(1-t)\overrightarrow{OB} + st\overrightarrow{OC} & \cdots\cdots ①' \\ \overrightarrow{OR} = \dfrac{1}{2}(1-u)\overrightarrow{OA} + \dfrac{1}{2}(1-u)\overrightarrow{OB} + \dfrac{2}{3}u\overrightarrow{OC} & \cdots\cdots ②' \end{cases}$$ が得られる。

よって、①'と②'から、$\overrightarrow{OR} = \overrightarrow{OR}$ を考え

$$\dfrac{1}{3}(1-s)\overrightarrow{OA} + s(1-t)\overrightarrow{OB} + st\overrightarrow{OC} = \dfrac{1}{2}(1-u)\overrightarrow{OA} + \dfrac{1}{2}(1-u)\overrightarrow{OB} + \dfrac{2}{3}u\overrightarrow{OC} \quad \cdots\cdots (*)$$

が得られる。

さらに，

> $\overrightarrow{OA}, \overrightarrow{OB}, \overrightarrow{OC}$ は1次独立であることを考え，(*)から
> $$\begin{cases} \dfrac{1}{3} - \dfrac{1}{3}s = \dfrac{1}{2} - \dfrac{1}{2}u \quad \cdots\cdots \text{ⓐ} \quad \blacktriangleleft (\overrightarrow{OA}\text{の係数}) = (\overrightarrow{OA}\text{の係数}) \\ s - st = \dfrac{1}{2} - \dfrac{1}{2}u \quad \cdots\cdots \text{ⓑ} \quad \blacktriangleleft (\overrightarrow{OB}\text{の係数}) = (\overrightarrow{OB}\text{の係数}) \\ st = \dfrac{2}{3}u \quad \cdots\cdots \text{ⓒ} \quad \blacktriangleleft (\overrightarrow{OC}\text{の係数}) = (\overrightarrow{OC}\text{の係数}) \end{cases}$$
> がいえる。 ◀ Point 4.1

ここで，

$\boxed{3 \times \text{ⓐ} + \text{ⓑ} + \text{ⓒ}}$ より ◀ sとtを消去してuだけの式にする（[考え方]参照）

$$1 = \dfrac{3}{2} - \dfrac{3}{2}u + \dfrac{1}{2} - \dfrac{1}{2}u + \dfrac{2}{3}u \quad \blacktriangleleft \text{sとtが消えた！}$$

$\Leftrightarrow u = \dfrac{3}{4}$ が得られるので，

これをⓐに代入すると ◀ $\dfrac{1}{3} - \dfrac{1}{3}s = \dfrac{1}{2} - \dfrac{1}{2}u \cdots\cdots$ ⓐ

$$\dfrac{1}{3} - \dfrac{1}{3}s = \dfrac{1}{2} - \dfrac{1}{2} \cdot \dfrac{3}{4}$$

$\Leftrightarrow s = \dfrac{5}{8}$ が得られ，

さらに，$u = \dfrac{3}{4}$ と $s = \dfrac{5}{8}$ をⓒに代入すると ◀ $st = \dfrac{2}{3}u \cdots\cdots$ ⓒ

$$\dfrac{5}{8}t = \dfrac{2}{3} \cdot \dfrac{3}{4}$$

$\therefore \ t = \dfrac{4}{5}$ ◀ tを求めることができた！

Section 5　平面のベクトル表示

17

[考え方]

(1)

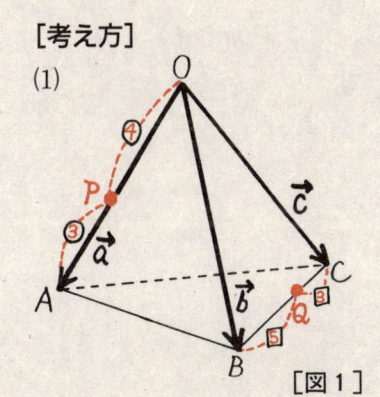

[図1]

まず，
「辺 OA を 4：3 に内分する点を P，
辺 BC を 5：3 に内分する点を Q」
を図示すると
[図1] のようになるよね。

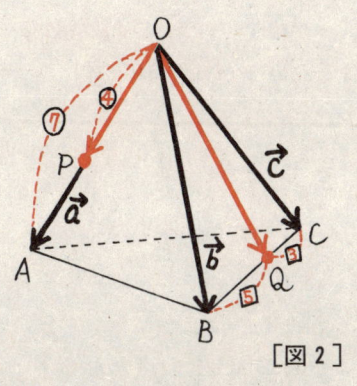

[図2]

よって，[図2] を考え

$$\begin{cases} \overrightarrow{OP} = \dfrac{4}{7}\vec{a} & \cdots\cdots ① \\ \overrightarrow{OQ} = \dfrac{1}{8}(3\vec{b}+5\vec{c}) & \cdots\cdots ② \end{cases}$$ ◀ Point1.5

がいえるので，

$\overrightarrow{PQ} = -\overrightarrow{OP} + \overrightarrow{OQ}$　◀ Point1.9

$= -\dfrac{4}{7}\vec{a} + \dfrac{3}{8}\vec{b} + \dfrac{5}{8}\vec{c}$ が得られた。

(2)

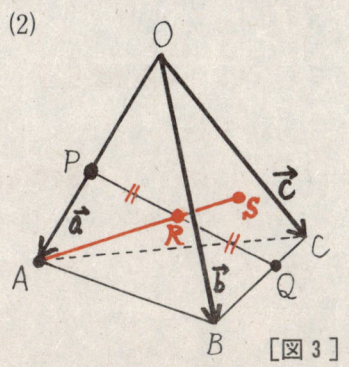

[図3]

まず，
「線分 PQ の中点を R とし，
直線 AR が △OBC の定める平面と
交わる点を S」を図示すると
[図3] のようになるよね。

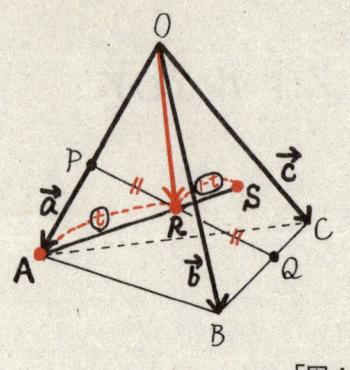

ここで **Point 1.15** を考え，
求めたい $AR:RS$ を
$\boxed{AR:RS = t:1-t}$ とおこう。

さらに，
t を求めるために，**Point 4.1** を考え，
$\boxed{\overrightarrow{OR} を \vec{a}, \vec{b}, \vec{c} を使って2通りで\\表して t の関係式を導こう。}$

[図 4]

$\boxed{\overrightarrow{OR} の1通りの表し方について}$

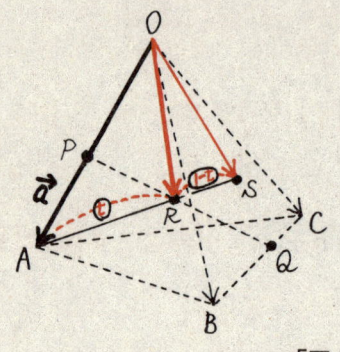

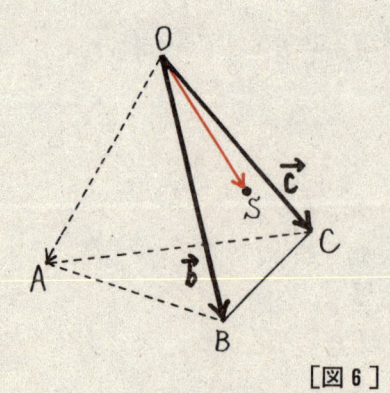

まず，[図 5] を考え
$\overrightarrow{OR} = (1-t)\overrightarrow{OA} + t\overrightarrow{OS}$ ◀ Point1.5
$\qquad = (1-t)\vec{a} + t\overrightarrow{OS}$ ……③
がいえる。

[図 5]

さらに，[図 6] のように
$\boxed{点 S は平面 OBC 上の点だから\\\overrightarrow{OS} = x\vec{b} + y\vec{c} \ ……④}$
とおける ので， ◀ Point 5.1
$\overrightarrow{OR} = (1-t)\vec{a} + t\overrightarrow{OS}$ ……③
$\qquad = (1-t)\vec{a} + t(x\vec{b} + y\vec{c})$ ◀ ④を代入した
$\qquad = (1-t)\vec{a} + tx\vec{b} + ty\vec{c}$ ……Ⓐ
が得られる。

[図 6]

$\overrightarrow{OR}$ のもう1通りの表し方について

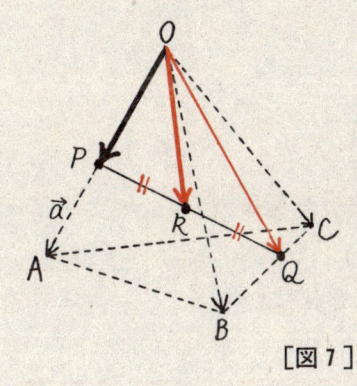

[図7]のように
点 R は線分 PQ の中点だから
$\overrightarrow{OR} = \frac{1}{2}(\overrightarrow{OP} + \overrightarrow{OQ})$ ◀ Point 1.6
がいえるので,
$\overrightarrow{OR} = \frac{1}{2}\left(\frac{4}{7}\vec{a} + \frac{3}{8}\vec{b} + \frac{5}{8}\vec{c}\right)$ ◀ ①と②を代入した
$= \frac{2}{7}\vec{a} + \frac{3}{16}\vec{b} + \frac{5}{16}\vec{c}$ …… Ⓑ ◀ 展開した
が得られる。

[図7]

よって,
$\overrightarrow{OR} = (1-t)\vec{a} + tx\vec{b} + ty\vec{c}$ …… Ⓐ と
$\overrightarrow{OR} = \frac{2}{7}\vec{a} + \frac{3}{16}\vec{b} + \frac{5}{16}\vec{c}$ …… Ⓑ から

$(1-t)\vec{a} + tx\vec{b} + ty\vec{c} = \frac{2}{7}\vec{a} + \frac{3}{16}\vec{b} + \frac{5}{16}\vec{c}$ ◀ $\overrightarrow{OR} = \overrightarrow{OR}$

が得られるので, **Point 4.1** より

$$\begin{cases} 1-t = \frac{2}{7} \quad \text{……ⓐ} \\ tx = \frac{3}{16} \quad \text{……ⓑ} \\ ty = \frac{5}{16} \quad \text{……ⓒ} \end{cases}$$

◀ ($\vec{a}$ の係数)=($\vec{a}$ の係数)
◀ ($\vec{b}$ の係数)=($\vec{b}$ の係数)
◀ ($\vec{c}$ の係数)=($\vec{c}$ の係数)

がいえるよね。

ところで,この問題は **AR : RS** $[= t : 1-t]$ だけを求める問題なので t だけを求めればいいよね。 ◀ x と y は求める必要がない!

よって，

$1-t=\dfrac{2}{7}$ ……ⓐ から ◀この問題ではⓑとⓒは不要！

$t=\dfrac{5}{7}$ が得られるので，◀tを求めた

$AR:RS = \dfrac{5}{7}:\dfrac{2}{7}$ ◀ t:1-t

　　　　$= 5:2$ が分かった！ ◀7を掛けて分母を払った

(3) まず，$\cos\angle AOQ$ の求め方は 主に次の2通りがある。

$\cos\angle AOQ$ の求め方(I)

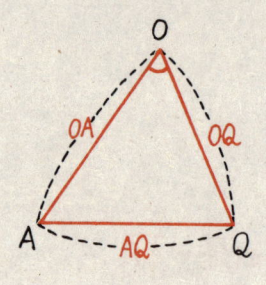

余弦定理から
$$\cos\angle AOQ = \dfrac{OA^2 + OQ^2 - AQ^2}{2\cdot OA\cdot OQ}$$
がいえるので，
OA と OQ と AQ を求めれば
$\cos\angle AOQ$ を求めることができる。

$\cos\angle AOQ$ の求め方(II)

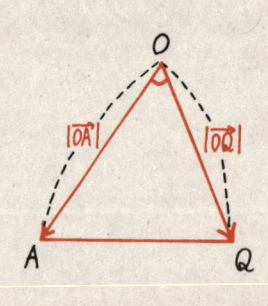

内積の定義 (**Point 2.1**) から
$\overrightarrow{OA}\cdot\overrightarrow{OQ} = |\overrightarrow{OA}||\overrightarrow{OQ}|\cos\angle AOQ$
がいえるので，
$\overrightarrow{OA}\cdot\overrightarrow{OQ}$ と $|\overrightarrow{OA}|(=OA)$ と $|\overrightarrow{OQ}|(=OQ)$ を
求めれば
$\cos\angle AOQ$ を求めることができる。

(I)では OA と OQ だけでなく AQ も求めなければならなくて，
(II)でも OA と OQ だけでなく $\overrightarrow{OA}\cdot\overrightarrow{OQ}$ も求めなければならないよね。

だけど AQ を求めるにしても $\vec{OA}\cdot\vec{OQ}$ を求めるにしても
労力はあまり変わらなそうだよね。
つまり，この問題では，
(I)で求めても(II)で求めても あまり大差はなさそうだね。
そこで，ここでは，とりあえず2通りの解法で解いてみよう。

[準備]

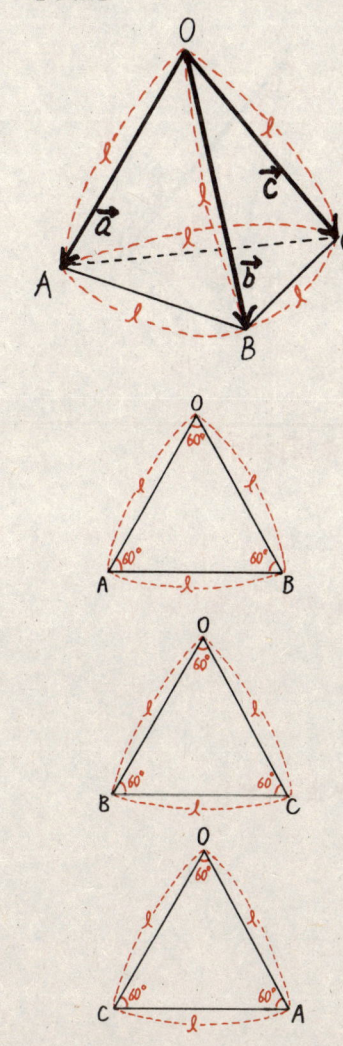

まず，問題文で
正四面体OABCの1辺の長さが
与えられていないので，
このままだと計算ができないよね。

そこで，左図のように
1辺の長さを $l\ [>0]$ とおこう。

すると，
$$\begin{cases} |\vec{a}|=l & \cdots\cdots ⓐ \\ |\vec{b}|=l & \cdots\cdots ⓑ \\ |\vec{c}|=l & \cdots\cdots ⓒ \\ \vec{a}\cdot\vec{b}=|\vec{a}||\vec{b}|\cos 60° & \blacktriangleleft \text{Point 2.1} \\ \qquad =\dfrac{1}{2}l^2 \cdots\cdots ⓓ & \blacktriangleleft \text{ⓐとⓑを代入した} \\ \vec{b}\cdot\vec{c}=|\vec{b}||\vec{c}|\cos 60° & \blacktriangleleft \text{Point 2.1} \\ \qquad =\dfrac{1}{2}l^2 \cdots\cdots ⓔ & \blacktriangleleft \text{ⓑとⓒを代入した} \\ \vec{a}\cdot\vec{c}=|\vec{a}||\vec{c}|\cos 60° & \blacktriangleleft \text{Point 2.1} \\ \qquad =\dfrac{1}{2}l^2 \cdots\cdots ⓕ & \blacktriangleleft \text{ⓐとⓒを代入した} \end{cases}$$
が得られる。

◀ **正四面体のすべての面は
正三角形である！**

解Ⅰ；余弦定理を使って解く

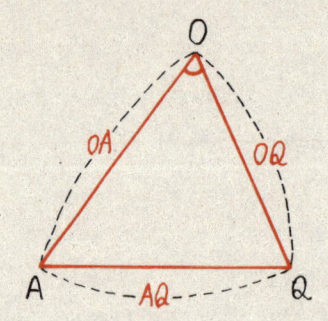

$$\cos\angle AOQ = \frac{OA^2+OQ^2-AQ^2}{2\cdot OA\cdot OQ}$$ ◀余弦定理

を考え，
$\cos\angle AOQ$ を求めるために
OA と OQ と AQ を求める。

OA について

$|\vec{a}|=l$ …… ⓐ より
$OA = l$ …… Ⓐ ◀ $OA=|\vec{OA}|$
がいえる。

OQ について

$\vec{OQ}=\dfrac{1}{8}(3\vec{b}+5\vec{c})$ …… ② より

$|\vec{OQ}|=\dfrac{1}{8}|3\vec{b}+5\vec{c}|$ がいえるので， ◀ $\vec{x}=\vec{y}\Rightarrow|\vec{x}|=|\vec{y}|$

$|\vec{OQ}|(=OQ)$ を求めるために $|3\vec{b}+5\vec{c}|$ について考える。

$|3\vec{b}+5\vec{c}|^2$ ◀ $|3\vec{b}+5\vec{c}|$ のままでは求められないので2乗した！
$= 9|\vec{b}|^2+30\vec{b}\cdot\vec{c}+25|\vec{c}|^2$ ◀ Point 2.8
$= 9l^2+15l^2+25l^2$ ◀ ⓑ，ⓔ，ⓒを代入した
$= 49l^2$ より ◀ 整理した

$|3\vec{b}+5\vec{c}|=7l$ がいえるので， ◀ $|3\vec{b}+5\vec{c}|$ が求められた

$|\vec{OQ}|=\dfrac{1}{8}|3\vec{b}+5\vec{c}|$

$=\dfrac{1}{8}\cdot 7l$ ◀ $|3\vec{b}+5\vec{c}|=7l$ を代入した

$=\dfrac{7}{8}l$ が得られる。

よって，
$\underline{\underline{OQ = \dfrac{7}{8}l}}$ ……Ⓑ　◀ OQを求めることができた！

$\boxed{\text{AQ について}}$

$\overrightarrow{AQ} = -\overrightarrow{OA} + \overrightarrow{OQ}$　◀ Point1.9を使って始点をOに変えた

　　$= -\vec{a} + \dfrac{1}{8}(3\vec{b} + 5\vec{c})$　◀ $\overrightarrow{OQ} = \dfrac{1}{8}(3\vec{b}+5\vec{c})$ ……②を代入した

　　$= \dfrac{1}{8}(-8\vec{a} + 3\vec{b} + 5\vec{c})$　より　◀ $\dfrac{1}{8}$でくくった

$|\overrightarrow{AQ}| = \dfrac{1}{8}|-8\vec{a} + 3\vec{b} + 5\vec{c}|$ がいえるので，　◀ $\vec{x} = \vec{y} \Rightarrow |\vec{x}| = |\vec{y}|$

$|\overrightarrow{AQ}|(= AQ)$ を求めるために $|-8\vec{a} + 3\vec{b} + 5\vec{c}|$ について考える。

$|-8\vec{a} + 3\vec{b} + 5\vec{c}|^2$　◀ $|-8\vec{a}+3\vec{b}+5\vec{c}|$のままでは求められないので2乗した！

　$= 64|\vec{a}|^2 + 9|\vec{b}|^2 + 25|\vec{c}|^2 - 48\vec{a}\cdot\vec{b} + 30\vec{b}\cdot\vec{c} - 80\vec{a}\cdot\vec{c}$　◀ 展開した

　$= 64l^2 + 9l^2 + 25l^2 - 24l^2 + 15l^2 - 40l^2$　◀ ⓐ,ⓑ,ⓒ,ⓓ,ⓔ,ⓕを代入した

　$= 49l^2$　より　◀ 整理した

$|-8\vec{a} + 3\vec{b} + 5\vec{c}| = 7l$ がいえるので，　◀ $|-8\vec{a}+3\vec{b}+5\vec{c}|$が求められた

$|\overrightarrow{AQ}| = \dfrac{1}{8}|-8\vec{a} + 3\vec{b} + 5\vec{c}|$

　　$= \dfrac{1}{8} \cdot 7l$　◀ $|-8\vec{a}+3\vec{b}+5\vec{c}| = 7l$ を代入した

　　$= \dfrac{7}{8}l$　が得られる。

よって，
$\underline{\underline{AQ = \dfrac{7}{8}l}}$ ……Ⓒ　◀ AQを求めることができた！

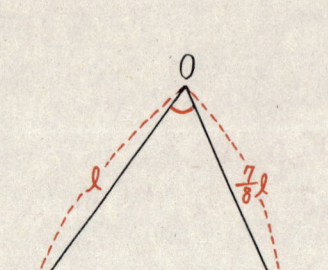

以上より，

$OA = l$ …… Ⓐ と $OQ = \dfrac{7}{8}l$ …… Ⓑ と

$AQ = \dfrac{7}{8}l$ …… Ⓒ が得られたので

左図が得られる。

よって，余弦定理より

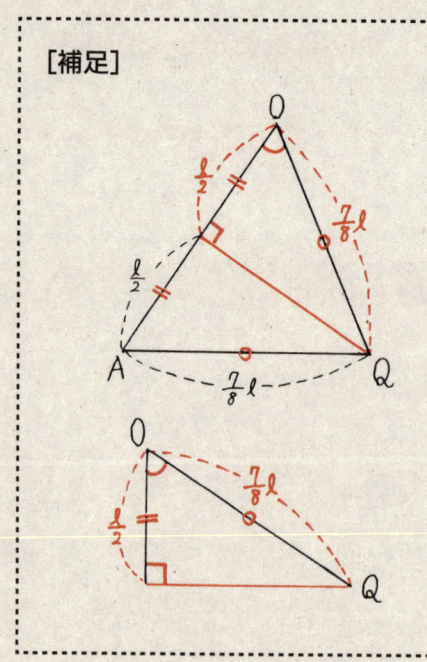

$$\cos\angle AOQ = \dfrac{l^2 + \left(\dfrac{7}{8}l\right)^2 - \left(\dfrac{7}{8}l\right)^2}{2 \cdot l \cdot \dfrac{7}{8}l}$$

$$= \dfrac{l^2}{\dfrac{7}{4}l^2} \quad \blacktriangleleft l^2 + \left(\dfrac{7}{8}l\right)^2 - \left(\dfrac{7}{8}l\right)^2 = l^2$$

$$= \dfrac{4}{7} \quad \blacktriangleleft 分母分子に4を掛けて l^2 を約分した$$

[補足]

△AOQ は左図のような二等辺三角形なので，

三角比の定義 ◀ 平面図形編の解答編 P.33 を見よ
を考え，

$$\cos\angle AOQ = \dfrac{\dfrac{l}{2}}{\dfrac{7}{8}l}$$

$$= \dfrac{4}{7} \quad \blacktriangleleft 分母分子に8を掛けてlを約分した$$

のように求めることもできる。

平面のベクトル表示　19

解Ⅱ：内積の定義式を使って解く

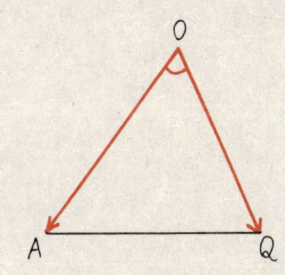

$\vec{OA} \cdot \vec{OQ} = |\vec{OA}||\vec{OQ}|\cos \angle AOQ$　◀内積の定義式

$\Leftrightarrow \cos \angle AOQ = \dfrac{\vec{OA} \cdot \vec{OQ}}{|\vec{OA}||\vec{OQ}|}$　◀cos∠AOQについて解いた

を考え，
$\cos \angle AOQ$ を求めるために
$|\vec{OA}|$ と $|\vec{OQ}|$ と $\vec{OA} \cdot \vec{OQ}$ を求める。

$|\vec{OA}|$ について

これは 解Ⅰ で求めたよね。

$|\vec{OA}| = l$ ……Ⓐ′

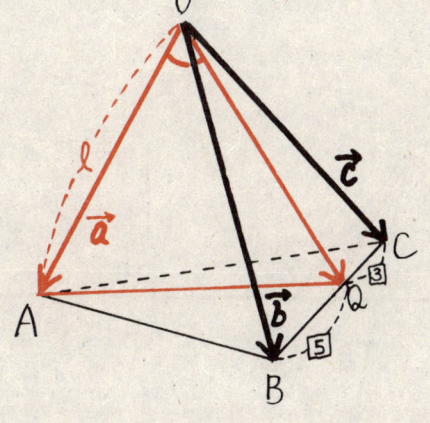

$|\vec{OQ}|$ について

これも 解Ⅰ で求めたよね。

$|\vec{OQ}| = \dfrac{7}{8}l$ ……Ⓑ′

$\vec{OA} \cdot \vec{OQ}$ について

$\begin{cases} \vec{OA} = \vec{a} \\ \vec{OQ} = \dfrac{1}{8}(3\vec{b} + 5\vec{c}) \cdots\cdots ② \end{cases}$ より，

$\vec{OA} \cdot \vec{OQ} = \vec{a} \cdot \dfrac{1}{8}(3\vec{b} + 5\vec{c})$

$= \dfrac{3}{8}\vec{a} \cdot \vec{b} + \dfrac{5}{8}\vec{a} \cdot \vec{c}$　◀展開した

$= \dfrac{3}{8} \cdot \dfrac{1}{2}l^2 + \dfrac{5}{8} \cdot \dfrac{1}{2}l^2$　◀㋐と㋑を代入した

$= \dfrac{3}{16}l^2 + \dfrac{5}{16}l^2$

$= \dfrac{1}{2}l^2$ ……Ⓒ′　◀$\dfrac{3}{16}l^2 + \dfrac{5}{16}l^2 = \dfrac{8}{16}l^2 = \dfrac{1}{2}l^2$

よって，

$|\vec{OA}| = l$ …… Ⓐ′, $|\vec{OQ}| = \dfrac{7}{8}l$ …… Ⓑ′, $\vec{OA} \cdot \vec{OQ} = \dfrac{1}{2}l^2$ …… Ⓒ′ より

$\cos \angle AOQ = \dfrac{\dfrac{1}{2}l^2}{l \cdot \dfrac{7}{8}l}$ ◀ $\cos \angle AOQ = \dfrac{\vec{OA} \cdot \vec{OQ}}{|\vec{OA}||\vec{OQ}|}$

$= \dfrac{4l^2}{7l^2}$ ◀ 分母分子に 8 を掛けた

$= \dfrac{4}{7}$ ◀ 分母分子の l^2 を約分した

[解答]
(1)

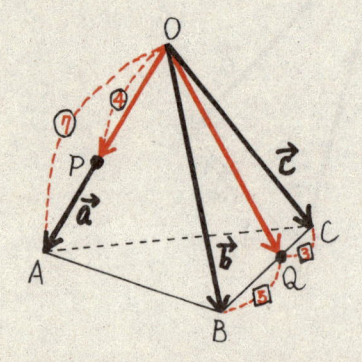

$\begin{cases} \vec{OP} = \dfrac{4}{7}\vec{a} \quad \cdots\cdots ① \\ \vec{OQ} = \dfrac{1}{8}(3\vec{b} + 5\vec{c}) \quad \cdots\cdots ② \end{cases}$ ◀ Point 1.5

より，

$\vec{PQ} = -\vec{OP} + \vec{OQ}$ ◀ Point 1.9

$= -\dfrac{4}{7}\vec{a} + \dfrac{3}{8}\vec{b} + \dfrac{5}{8}\vec{c}$ //

(2)

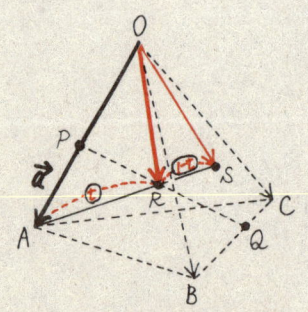

$\boxed{AR : RS = t : 1-t \text{ とおく}}$ と，◀ Point 1.15

$\vec{OR} = (1-t)\vec{OA} + t\vec{OS}$ ◀ Point 1.5

$= (1-t)\vec{a} + t\vec{OS}$ …… ③ がいえ，

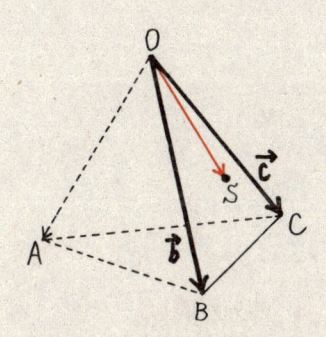

さらに，

点Sは平面OBC上の点だから
$\vec{OS} = x\vec{b} + y\vec{c}$ とおける ので， ◀ Point 5.1

$\vec{OR} = (1-t)\vec{a} + t\vec{OS}$ ……③
$= (1-t)\vec{a} + tx\vec{b} + ty\vec{c}$ ……③′

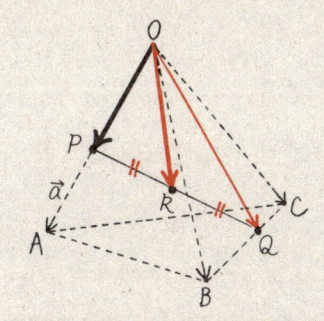

また，
点RはPQの中点なので，

$\vec{OR} = \dfrac{1}{2}(\vec{OP} + \vec{OQ})$ ◀ Point 1.6

$= \dfrac{1}{2}\left(\dfrac{4}{7}\vec{a} + \dfrac{3}{8}\vec{b} + \dfrac{5}{8}\vec{c}\right)$ ◀ ①と②を代入した

$= \dfrac{2}{7}\vec{a} + \dfrac{3}{16}\vec{b} + \dfrac{5}{16}\vec{c}$ ……④ ◀ 展開した

③′と④から，$\vec{OR} = \vec{OR}$ を考え

$(1-t)\vec{a} + tx\vec{b} + ty\vec{c} = \dfrac{2}{7}\vec{a} + \dfrac{3}{16}\vec{b} + \dfrac{5}{16}\vec{c}$ ……(*)

が得られる。

さらに，

$\vec{a}, \vec{b}, \vec{c}$ は1次独立であることを考え，(*)から
$1 - t = \dfrac{2}{7}$ ◀ ($\vec{a}$の係数)=($\vec{a}$の係数)

がいえる ので ◀ Point 4.1

$t = \dfrac{5}{7}$ が得られる。

よって，

$AR : RS = \dfrac{5}{7} : \dfrac{2}{7}$ ◀ $t : 1-t$

$= 5 : 2$ ◀ 7を掛けて分母を払った

(3) ◀ここでは解Ⅱで解いておくことにする

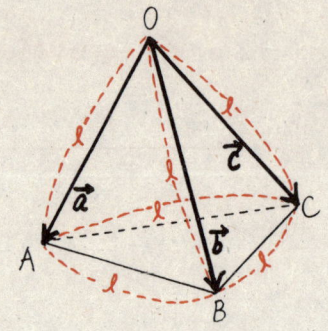

正四面体 OABC の1辺の長さを $l\,[>0]$ とおくと

$$\begin{cases} |\vec{a}|=|\vec{b}|=|\vec{c}|=l & \cdots\cdots \text{ⓐ} \\ \vec{a}\cdot\vec{b}=\vec{b}\cdot\vec{c}=\vec{a}\cdot\vec{c}=\dfrac{1}{2}l^2 & \cdots\cdots \text{ⓑ} \end{cases}$$

がいえる。 ◀[考え方]参照

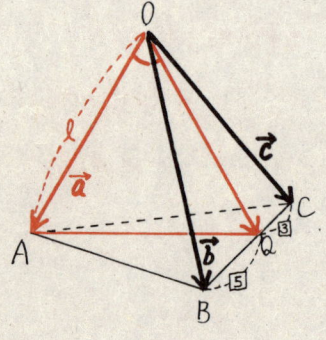

ここで,

$\overrightarrow{OQ}=\dfrac{1}{8}(3\vec{b}+5\vec{c})$ ……② から

$|\overrightarrow{OQ}|=\dfrac{1}{8}|3\vec{b}+5\vec{c}|$ ◀ $\vec{x}=\vec{y}\Rightarrow|\vec{x}|=|\vec{y}|$

がいえるので,

$|3\vec{b}+5\vec{c}|^2$ ◀ Point 2.8 が使えるように 2 乗した
$=9|\vec{b}|^2+30\vec{b}\cdot\vec{c}+25|\vec{c}|^2$ ◀ Point 2.8
$=9l^2+15l^2+25l^2$ ◀ ⓐ と ⓑ を代入した
$=49l^2$ を考え,

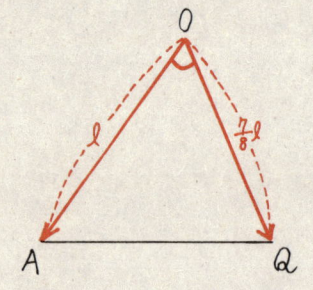

$|\overrightarrow{OQ}|=\dfrac{1}{8}|3\vec{b}+5\vec{c}|$

$=\dfrac{1}{8}\cdot 7l$ ◀ $|3\vec{b}+5\vec{c}|=7l$ を代入した

$=\dfrac{7}{8}l$ が得られる。

さらに,

$\overrightarrow{OA}\cdot\overrightarrow{OQ}=\vec{a}\cdot\dfrac{1}{8}(3\vec{b}+5\vec{c})$ ◀ ② を代入した

$=\dfrac{3}{8}\vec{a}\cdot\vec{b}+\dfrac{5}{8}\vec{a}\cdot\vec{c}$ ◀ 展開した

$=\dfrac{3}{8}\cdot\dfrac{1}{2}l^2+\dfrac{5}{8}\cdot\dfrac{1}{2}l^2$ ◀ ⓑ を代入した

$=\dfrac{1}{2}l^2$ を考え,

$$\vec{OA} \cdot \vec{OQ} = |\vec{OA}||\vec{OQ}|\cos\angle AOQ \quad \blacktriangleleft 内積の定義式 [Point 2.1]$$

$$\Leftrightarrow \frac{1}{2}l^2 = l \cdot \frac{7}{8}l \cdot \cos\angle AOQ \quad \blacktriangleleft \vec{OA}\cdot\vec{OQ}=\frac{1}{2}l^2 と |\vec{OA}|=l と |\vec{OQ}|=\frac{7}{8}l を代入した$$

$$\Leftrightarrow \frac{1}{2} = \frac{7}{8}\cos\angle AOQ \quad \blacktriangleleft 両辺を l^2 で割った$$

$$\therefore \cos\angle AOQ = \frac{4}{7} \quad \blacktriangleleft \cos\angle AOQ について解いた$$

18

[考え方]

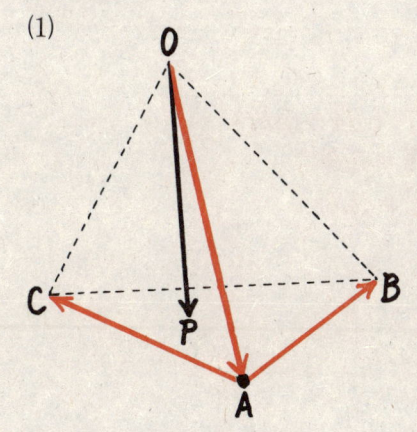

(1) まず、左図のように 点Pは"点Aを通る ◀(注)を見よ 平面ABC上の点"なので、$\vec{OP}$ は平面ABC上の1次独立な2つのベクトル $\vec{AB}$, $\vec{AC}$ を使って
$\vec{OP} = \vec{OA} + x\vec{AB} + y\vec{AC}$ ……①
[x と y はパラメーター]
と表せる よね。 ◀Point 5.2

さらに、
$\begin{cases} \vec{AB} = -\vec{OA} + \vec{OB} \\ \vec{AC} = -\vec{OA} + \vec{OC} \end{cases}$ がいえるので、 ◀Point 1.9を使って始点をOに変えた

$\vec{OP} = \vec{OA} + x\vec{AB} + y\vec{AC}$ ……①
$= \vec{OA} + x(-\vec{OA} + \vec{OB}) + y(-\vec{OA} + \vec{OC})$
$= (1-x-y)\vec{OA} + x\vec{OB} + y\vec{OC}$ ……①′ ◀整理した

が得られる。

よって、
点Pが△ABCを含む平面上にあるためには、
$\vec{OP} = (1-x-y)\vec{OA} + x\vec{OB} + y\vec{OC}$ ……①′ [x と y はパラメーター]
が成立していればよい、ということが分かった。

しかし，この問題では
点 P が △ABC を含む平面上にあるための条件を
l, m, n を使って表さなければならない　◀問題文を見よ
ので，　◀x と y は僕らが勝手に使っている文字である！
以下，l, m, n について考えよう。

まず，問題文の $\overrightarrow{OP}=l\overrightarrow{OA}+m\overrightarrow{OB}+n\overrightarrow{OC}$ と
$\overrightarrow{OP}=(1-x-y)\overrightarrow{OA}+x\overrightarrow{OB}+y\overrightarrow{OC}$ ……①′ から，$\overrightarrow{OP}=\overrightarrow{OP}$ を考え
$l\overrightarrow{OA}+m\overrightarrow{OB}+n\overrightarrow{OC}=(1-x-y)\overrightarrow{OA}+x\overrightarrow{OB}+y\overrightarrow{OC}$ ……(∗)
が得られるよね。

さらに，(∗) から，**Point 4.1** を考え
$$\begin{cases} l=1-x-y \cdots\cdots ⓐ \\ m=x \cdots\cdots ⓑ \\ n=y \cdots\cdots ⓒ \end{cases}$$
◀($\overrightarrow{OA}$ の係数)=($\overrightarrow{OA}$ の係数)
◀($\overrightarrow{OB}$ の係数)=($\overrightarrow{OB}$ の係数)
◀($\overrightarrow{OC}$ の係数)=($\overrightarrow{OC}$ の係数)
がいえるよね。

そこで，
ⓐ，ⓑ，ⓒ から (僕らが勝手に使っている) パラメーターの
x と y を消去して，l と m と n だけの関係式を導くために
ⓐ＋ⓑ＋ⓒ を考える　と，　◀$(1-x-y)+x+y=1$ に着目して x と y を消去する

　　$l+m+n=(1-x-y)+x+y$
⇔　$l+m+n=1$　が得られる。　◀パラメーターの x と y が消えた！

以上より，
点 P が △ABC を含む平面上にあるためには，
$\overrightarrow{OP}=l\overrightarrow{OA}+m\overrightarrow{OB}+n\overrightarrow{OC}$ において
$l+m+n=1$ が成立していればよい，ということが分かった。

（注）

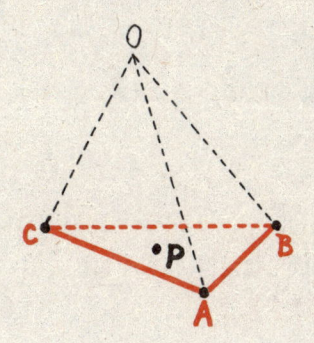

平面 ABC 上の点 P について，僕は
点 P は"点 A を通る平面 ABC 上の点"……Ⓐ
と考えたが，
点 P は"点 B を通る平面 ABC 上の点"……Ⓑ
と考えてもいいし，
点 P は"点 C を通る平面 ABC 上の点"……Ⓒ
と考えてもいい。

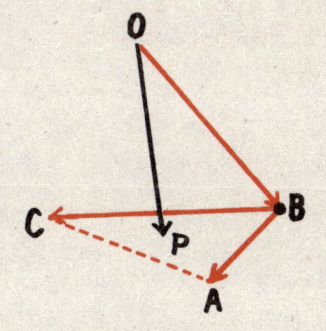

ちなみに，Ⓑの場合は
$\overrightarrow{OP} = \overrightarrow{OB} + x\overrightarrow{BA} + y\overrightarrow{BC}$ ◀ Point 5.2
$= \overrightarrow{OB} + x(-\overrightarrow{OB} + \overrightarrow{OA}) + y(-\overrightarrow{OB} + \overrightarrow{OC})$ ◀ Point 1.9
$= x\overrightarrow{OA} + (1-x-y)\overrightarrow{OB} + y\overrightarrow{OC}$ ◀ 整理した
となり，

Ⓒの場合は
$\overrightarrow{OP} = \overrightarrow{OC} + x\overrightarrow{CA} + y\overrightarrow{CB}$ ◀ Point 5.2
$= \overrightarrow{OC} + x(-\overrightarrow{OC} + \overrightarrow{OA}) + y(-\overrightarrow{OC} + \overrightarrow{OB})$ ◀ Point 1.9
$= x\overrightarrow{OA} + y\overrightarrow{OB} + (1-x-y)\overrightarrow{OC}$ ◀ 整理した
となる。

[考え方]
(2) とりあえず，
　(2)の $\overrightarrow{OP}=x\overrightarrow{OA}+y\overrightarrow{OB}+z\overrightarrow{OC}$, $x+2y+3z=1$ は
　(1)の $\overrightarrow{OP}=l\overrightarrow{OA}+m\overrightarrow{OB}+n\overrightarrow{OC}$, $l+m+n=1$ によく似ているよね。

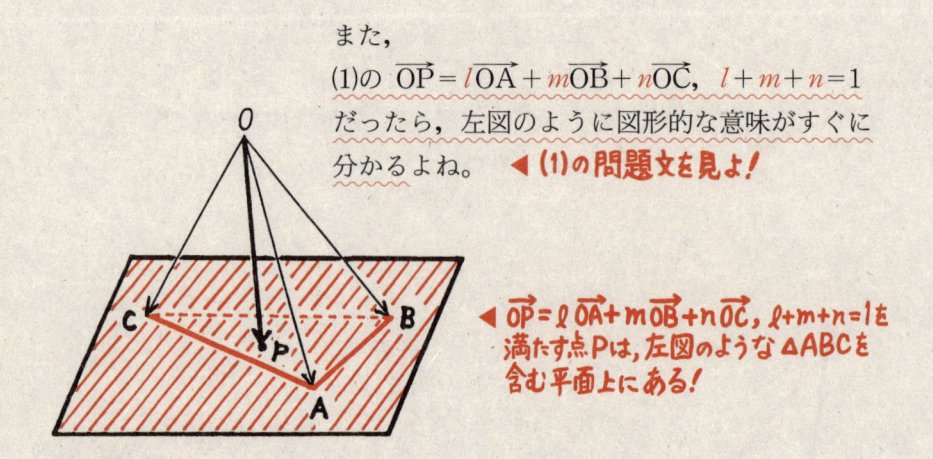

また，
(1)の $\overrightarrow{OP}=l\overrightarrow{OA}+m\overrightarrow{OB}+n\overrightarrow{OC}$, $l+m+n=1$
だったら，左図のように図形的な意味がすぐに
分かるよね。 ◀ (1)の問題文を見よ！

◀ $\overrightarrow{OP}=l\overrightarrow{OA}+m\overrightarrow{OB}+n\overrightarrow{OC}$, $l+m+n=1$ を
満たす点Pは、左図のような△ABCを
含む平面上にある！

そこで，
(2)の $\overrightarrow{OP}=x\overrightarrow{OA}+y\overrightarrow{OB}+z\overrightarrow{OC}$, $x+2y+3z=1$ を
(1)の $\overrightarrow{OP}=l\overrightarrow{OA}+m\overrightarrow{OB}+n\overrightarrow{OC}$, $l+m+n=1$ の形に
なるように変形してみよう。　◀ Point 1.10

まず，
$x+2y+3z=1$ を $l+m+n=1$ の形にするために
$\begin{cases} x=l \\ 2y=m \\ 3z=n \end{cases}$ とおく と，◀ $\begin{cases} x=l \\ 2y=m \\ 3z=n \end{cases}$ から $\begin{cases} x=l \\ y=m\cdot\frac{1}{2} \\ z=n\cdot\frac{1}{3} \end{cases}$ がいえる！

$\overrightarrow{OP}=x\overrightarrow{OA}+y\overrightarrow{OB}+z\overrightarrow{OC}$, $x+2y+3z=1$ は
$\overrightarrow{OP}=l\overrightarrow{OA}+m\cdot\frac{1}{2}\overrightarrow{OB}+n\cdot\frac{1}{3}\overrightarrow{OC}$, $l+m+n=1$ となる。

さらに，

$\overrightarrow{OP} = l\overrightarrow{OA} + m \cdot \dfrac{1}{2}\overrightarrow{OB} + n \cdot \dfrac{1}{3}\overrightarrow{OC}$ を
$\overrightarrow{OP} = l\overrightarrow{OA} + m\overrightarrow{OB} + n\overrightarrow{OC}$ の形にするために
$\begin{cases} \dfrac{1}{2}\overrightarrow{OB} = \overrightarrow{OB'} \\ \dfrac{1}{3}\overrightarrow{OC} = \overrightarrow{OC'} \end{cases}$ とおく と，

$\overrightarrow{OP} = l\overrightarrow{OA} + m \cdot \dfrac{1}{2}\overrightarrow{OB} + n \cdot \dfrac{1}{3}\overrightarrow{OC}$, $l+m+n=1$ は

$\overrightarrow{OP} = l\overrightarrow{OA} + m\overrightarrow{OB'} + n\overrightarrow{OC'}$, $l+m+n=1$ ……(★) となり，

(1)の $\overrightarrow{OP} = l\overrightarrow{OA} + m\overrightarrow{OB} + n\overrightarrow{OC}$, $l+m+n=1$ の形の式が得られた！

$\overrightarrow{OP} = l\overrightarrow{OA} + m\overrightarrow{OB'} + n\overrightarrow{OC'}$, $l+m+n=1$ ……(★) だったら
図形的な意味が簡単に分かるよね。◀(1)の問題文を見よ！

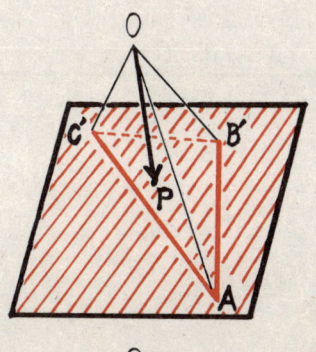

(1)の結果より，

$\overrightarrow{OP} = l\overrightarrow{OA} + m\overrightarrow{OB'} + n\overrightarrow{OC'}$,
$l+m+n=1$ ……(★) を満たす点Pは，
左図のような △AB'C' を含む平面上にある
ことが分かった！

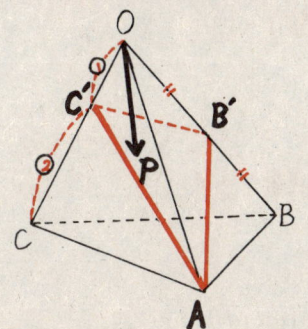

ちなみに，2点B'，C' は

$\begin{cases} \dfrac{1}{2}\overrightarrow{OB} = \overrightarrow{OB'} \\ \dfrac{1}{3}\overrightarrow{OC} = \overrightarrow{OC'} \end{cases}$ より

左図のようになっていることが分かる。

[解答]
(1)

左図を考え，
平面 ABC 上の点 P は
$\overrightarrow{OP} = \overrightarrow{OA} + x\overrightarrow{AB} + y\overrightarrow{AC}$ ……①
[x と y はパラメーター]
と表せる。 ◀ Point 5.2

さらに，
$\begin{cases} \overrightarrow{AB} = -\overrightarrow{OA} + \overrightarrow{OB} \\ \overrightarrow{AC} = -\overrightarrow{OA} + \overrightarrow{OC} \end{cases}$ がいえるので， ◀ Point 1.9

$\overrightarrow{OP} = \overrightarrow{OA} + x\overrightarrow{AB} + y\overrightarrow{AC}$ ……①
$= \overrightarrow{OA} + x(-\overrightarrow{OA} + \overrightarrow{OB}) + y(-\overrightarrow{OA} + \overrightarrow{OC})$
$= (1-x-y)\overrightarrow{OA} + x\overrightarrow{OB} + y\overrightarrow{OC}$ ……①' が得られる。 ◀ 整理した

ここで，
①' と問題文の $\overrightarrow{OP} = l\overrightarrow{OA} + m\overrightarrow{OB} + n\overrightarrow{OC}$ から，$\overrightarrow{OP} = \overrightarrow{OP}$ を考え
$(1-x-y)\overrightarrow{OA} + x\overrightarrow{OB} + y\overrightarrow{OC} = l\overrightarrow{OA} + m\overrightarrow{OB} + n\overrightarrow{OC}$ ……(*)
が得られる。

さらに，
$\overrightarrow{OA}$ と $\overrightarrow{OB}$ と $\overrightarrow{OC}$ は1次独立であることを考え，(*) から
$\begin{cases} 1-x-y = l & ……ⓐ \quad ◀ (\overrightarrow{OA}\text{の係数}) = (\overrightarrow{OA}\text{の係数}) \\ x = m & ……ⓑ \quad ◀ (\overrightarrow{OB}\text{の係数}) = (\overrightarrow{OB}\text{の係数}) \\ y = n & ……ⓒ \quad ◀ (\overrightarrow{OC}\text{の係数}) = (\overrightarrow{OC}\text{の係数}) \end{cases}$
がいえる。 ◀ Point 4.1

よって，
ⓐ+ⓑ+ⓒ より ◀ パラメーターの x と y を消去する！
$1 = l + m + n$ が得られるので，
点 P が △ABC を含む平面上にあるための条件は
$l + m + n = 1$ である。 ◀ [考え方] 参照.　　(q.e.d.)

(2) $\overrightarrow{OP}=x\overrightarrow{OA}+y\overrightarrow{OB}+z\overrightarrow{OC}$, $x+2y+3z=1$ において

$\begin{cases} x=l \\ 2y=m \\ 3z=n \end{cases}$ とおく と， ◀ $\begin{cases} x=l \\ 2y=m \\ 3z=n \end{cases}$ から $\begin{cases} x=l \\ y=m\cdot\frac{1}{2} \\ z=n\cdot\frac{1}{3} \end{cases}$ がいえる！

$\overrightarrow{OP}=l\overrightarrow{OA}+m\cdot\frac{1}{2}\overrightarrow{OB}+n\cdot\frac{1}{3}\overrightarrow{OC}$, $l+m+n=1$ が得られ，

さらに，

$\begin{cases} \frac{1}{2}\overrightarrow{OB}=\overrightarrow{OB'} \\ \frac{1}{3}\overrightarrow{OC}=\overrightarrow{OC'} \end{cases}$ とおく と，

$\overrightarrow{OP}=l\overrightarrow{OA}+m\overrightarrow{OB'}+n\overrightarrow{OC'}$, $l+m+n=1$ が得られる。

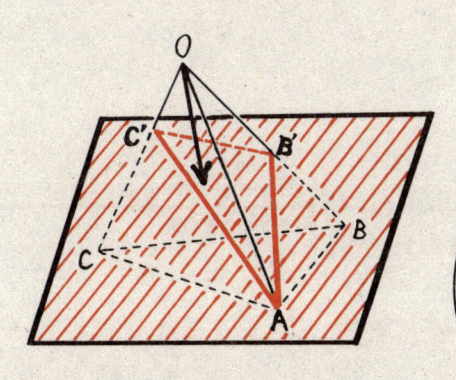

よって，(1)を考え， ◀ Point1.10
点 P は左図のような
△AB'C' を含む平面にある
ことが分かる。 ◀[考え方]参照．

（ただし，点 B' は OB の中点で，
点 C' は OC を 1:2 に内分する点
である。 ◀[考え方]参照．）

19

[考え方]

(1) まず，左図のように

> 点 G が "点 Q を通る平面 PQR 上にある" ならば，$\overrightarrow{OG}$ は平面 PQR 上の1次独立な2つのベクトル $\overrightarrow{QP}$, $\overrightarrow{QR}$ を使って
> $\overrightarrow{OG} = \overrightarrow{OQ} + x\overrightarrow{QP} + y\overrightarrow{QR}$ …… ①
> [x と y はパラメーター]
> と表せる

よね。◀ Point 5.2

さらに，**Point 1.9**（始点の移動公式）より

$\begin{cases} \overrightarrow{QP} = -\overrightarrow{OQ} + \overrightarrow{OP} \\ \overrightarrow{QR} = -\overrightarrow{OQ} + \overrightarrow{OR} \end{cases}$ がいえるので，

$\overrightarrow{OG} = \overrightarrow{OQ} + x\overrightarrow{QP} + y\overrightarrow{QR}$ …… ①
$= \overrightarrow{OQ} + x(-\overrightarrow{OQ} + \overrightarrow{OP}) + y(-\overrightarrow{OQ} + \overrightarrow{OR})$ ◀ $\begin{cases} \overrightarrow{QP}=-\overrightarrow{OQ}+\overrightarrow{OP} \\ \overrightarrow{QR}=-\overrightarrow{OQ}+\overrightarrow{OR} \end{cases}$ を代入した
$= x\overrightarrow{OP} + (1-x-y)\overrightarrow{OQ} + y\overrightarrow{OR}$ ◀ 整理した
$= xp\overrightarrow{OA} + (1-x-y)q\overrightarrow{OB} + yr\overrightarrow{OC}$ …… ①′

が得られる。◀ 問題文の $\overrightarrow{OP}=p\overrightarrow{OA}, \overrightarrow{OQ}=q\overrightarrow{OB}, \overrightarrow{OR}=r\overrightarrow{OC}$ を代入した

よって，

点 G が △PQR を含む平面上にあるための条件は

$\overrightarrow{OG} = xp\overrightarrow{OA} + (1-x-y)q\overrightarrow{OB} + yr\overrightarrow{OC}$ …… ①′ [x と y はパラメーター]

であることが分かった。

また，問題文より，$\overrightarrow{OG}$ は

$4\overrightarrow{OG} = \overrightarrow{OA} + \overrightarrow{OB} + \overrightarrow{OC}$ …… ②
$\Leftrightarrow \overrightarrow{OG} = \dfrac{1}{4}\overrightarrow{OA} + \dfrac{1}{4}\overrightarrow{OB} + \dfrac{1}{4}\overrightarrow{OC}$ …… ②′ も満たしているよね。

平面のベクトル表示　31

よって，①′と②′から，$\overrightarrow{OG}=\overrightarrow{OG}$ を考え
$$xp\overrightarrow{OA}+(1-x-y)q\overrightarrow{OB}+yr\overrightarrow{OC}=\frac{1}{4}\overrightarrow{OA}+\frac{1}{4}\overrightarrow{OB}+\frac{1}{4}\overrightarrow{OC} \cdots\cdots(*)$$
が得られる。

さらに，(*)から，**Point 4.1** を考え

$$\begin{cases} xp=\dfrac{1}{4} \cdots\cdots ⓐ \\ (1-x-y)q=\dfrac{1}{4} \cdots\cdots ⓑ \\ yr=\dfrac{1}{4} \cdots\cdots ⓒ \end{cases}$$

◀($\overrightarrow{OA}$の係数)=($\overrightarrow{OA}$の係数)
◀($\overrightarrow{OB}$の係数)=($\overrightarrow{OB}$の係数)
◀($\overrightarrow{OC}$の係数)=($\overrightarrow{OC}$の係数)

がいえる。

ここで，
ⓐ，ⓑ，ⓒから（僕らが勝手に使っている）パラメーターの
x と y を消去して，p と q と r だけの関係式を導くために

$xp=\dfrac{1}{4}$ …… ⓐ の左辺を
$x=\dfrac{1}{4}\cdot\dfrac{1}{p}$ …… ⓐ′ のように x にし， ◀両辺をpで割った

$(1-x-y)q=\dfrac{1}{4}$ …… ⓑ の左辺を
$1-x-y=\dfrac{1}{4}\cdot\dfrac{1}{q}$ …… ⓑ′ のように $1-x-y$ にし， ◀両辺をqで割った

$yr=\dfrac{1}{4}$ …… ⓒ の左辺を
$y=\dfrac{1}{4}\cdot\dfrac{1}{r}$ …… ⓒ′ のように y にし， ◀両辺をrで割った

ⓐ′とⓑ′とⓒ′を加える と， ◀$x+(1-x-y)+y=1$に着目してxとyを消去する

$$x+(1-x-y)+y=\frac{1}{4}\cdot\frac{1}{p}+\frac{1}{4}\cdot\frac{1}{q}+\frac{1}{4}\cdot\frac{1}{r}$$

$\Leftrightarrow 1=\dfrac{1}{4}\cdot\dfrac{1}{p}+\dfrac{1}{4}\cdot\dfrac{1}{q}+\dfrac{1}{4}\cdot\dfrac{1}{r}$ ◀xとyが消えた！

$\Leftrightarrow 4=\dfrac{1}{p}+\dfrac{1}{q}+\dfrac{1}{r}$ が得られる。 ◀両辺に4を掛けた

よって，
点 G が △PQR を含む平面上にあるとき
$4 = \dfrac{1}{p} + \dfrac{1}{q} + \dfrac{1}{r}$ が成立することが分かった。

(2)

まず，
「点 R から △OAB におろした垂線の足を H とする」を
図示すると
左図のようになるよね。

この問題は $\overrightarrow{OH}$ を求める問題なので，とりあえず
$\overrightarrow{OH}$ を式で表してみよう。

まず，左図のように
点 H は平面 OAB 上の点だから
$\overrightarrow{OH} = \alpha\overrightarrow{OA} + \beta\overrightarrow{OB}$ ……③
[α と β はパラメーター]
とおける　よね。　◀Point 5.1

そこで，$\overrightarrow{OH} = \alpha\overrightarrow{OA} + \beta\overrightarrow{OB}$ ……③ を使って，
α と β を求めることにより $\overrightarrow{OH}$ を求めてみよう。

▶問題文では

「$\overrightarrow{OH} = \dfrac{r}{3}(\overrightarrow{OA} + \overrightarrow{OB})$ であることを示せ。」となっているので，α と β を求めて，それが $\alpha = \dfrac{r}{3}$ と $\beta = \dfrac{r}{3}$ になれば，

$\overrightarrow{OH} = \alpha \overrightarrow{OA} + \beta \overrightarrow{OB}$ ……③ より

$\overrightarrow{OH} = \dfrac{r}{3}\overrightarrow{OA} + \dfrac{r}{3}\overrightarrow{OB}$ ◀③に $\alpha = \dfrac{r}{3}$ と $\beta = \dfrac{r}{3}$ を代入した

　　　$= \dfrac{r}{3}(\overrightarrow{OA} + \overrightarrow{OB})$ が得られるので(2)は解けたことになる。

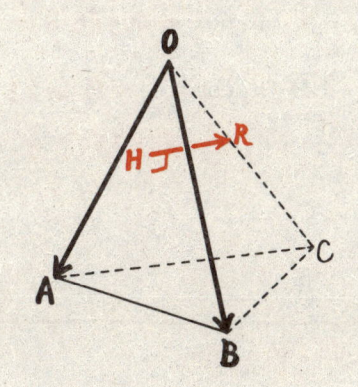

まず，左図のように

$\overrightarrow{OA}$ と $\overrightarrow{OB}$ を含む平面に対して $\overrightarrow{HR}$ が垂直になっているので

$\begin{cases} \overrightarrow{OA} \cdot \overrightarrow{HR} = 0 \quad \cdots\cdots Ⓐ \\ \overrightarrow{OB} \cdot \overrightarrow{HR} = 0 \quad \cdots\cdots Ⓑ \end{cases}$

がいえるよね。　◀Point 5.3

さらに，

$\overrightarrow{HR} = -\overrightarrow{OH} + \overrightarrow{OR}$　◀Point 1.9を使って始点をOに変えた

　　　$= -(\alpha \overrightarrow{OA} + \beta \overrightarrow{OB}) + r\overrightarrow{OC}$　◀$\overrightarrow{OH} = \alpha \overrightarrow{OA} + \beta \overrightarrow{OB}$ ……③ を代入した

　　　$= -\alpha \overrightarrow{OA} - \beta \overrightarrow{OB} + r\overrightarrow{OC}$ より，

$\begin{cases} \overrightarrow{OA} \cdot \overrightarrow{HR} = 0 \;\cdots\; Ⓐ \Leftrightarrow \overrightarrow{OA} \cdot (-\alpha \overrightarrow{OA} - \beta \overrightarrow{OB} + r\overrightarrow{OC}) = 0 \\ \qquad\qquad\qquad\qquad \Leftrightarrow -\alpha |\overrightarrow{OA}|^2 - \beta \overrightarrow{OA} \cdot \overrightarrow{OB} + r\overrightarrow{OA} \cdot \overrightarrow{OC} = 0 \;\cdots\; Ⓐ' \\ \overrightarrow{OB} \cdot \overrightarrow{HR} = 0 \;\cdots\; Ⓑ \Leftrightarrow \overrightarrow{OB} \cdot (-\alpha \overrightarrow{OA} - \beta \overrightarrow{OB} + r\overrightarrow{OC}) = 0 \\ \qquad\qquad\qquad\qquad \Leftrightarrow -\alpha \overrightarrow{OA} \cdot \overrightarrow{OB} - \beta |\overrightarrow{OB}|^2 + r\overrightarrow{OB} \cdot \overrightarrow{OC} = 0 \;\cdots\; Ⓑ' \end{cases}$

が得られる。

ここで，
四面体 OABC は，辺の長さが 1 の正四面体であること考え，

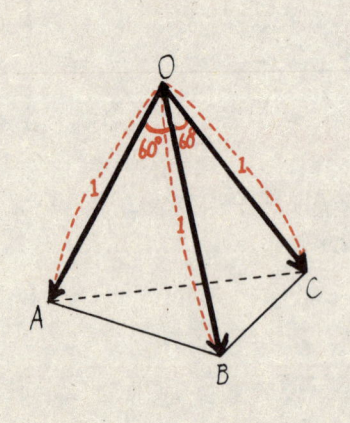

$$\begin{cases} |\overrightarrow{OA}| = 1 \quad \cdots\cdots ④ \\ |\overrightarrow{OB}| = 1 \quad \cdots\cdots ⑤ \\ |\overrightarrow{OC}| = 1 \quad \cdots\cdots ⑥ \\ \overrightarrow{OA}\cdot\overrightarrow{OB} = |\overrightarrow{OA}||\overrightarrow{OB}|\cos 60° \quad \blacktriangleleft \text{Point 2.1} \\ \qquad\qquad = \dfrac{1}{2} \quad \cdots\cdots ⑦ \quad \blacktriangleleft \cos 60° = \dfrac{1}{2} \\ \overrightarrow{OA}\cdot\overrightarrow{OC} = |\overrightarrow{OA}||\overrightarrow{OC}|\cos 60° \quad \blacktriangleleft \text{Point 2.1} \\ \qquad\qquad = \dfrac{1}{2} \quad \cdots\cdots ⑧ \quad \blacktriangleleft \cos 60° = \dfrac{1}{2} \\ \overrightarrow{OB}\cdot\overrightarrow{OC} = |\overrightarrow{OB}||\overrightarrow{OC}|\cos 60° \quad \blacktriangleleft \text{Point 2.1} \\ \qquad\qquad = \dfrac{1}{2} \quad \cdots\cdots ⑨ \quad \blacktriangleleft \cos 60° = \dfrac{1}{2} \end{cases}$$

がいえるので，

$$\begin{cases} -\alpha|\overrightarrow{OA}|^2 - \beta\overrightarrow{OA}\cdot\overrightarrow{OB} + r\overrightarrow{OA}\cdot\overrightarrow{OC} = 0 \quad \cdots\cdots Ⓐ' \\ \quad \Leftrightarrow -\alpha - \dfrac{1}{2}\beta + \dfrac{1}{2}r = 0 \quad \blacktriangleleft ④と⑦と⑧を代入した \\ \quad \Leftrightarrow -2\alpha - \beta + r = 0 \quad \cdots\cdots Ⓐ'' \quad \blacktriangleleft 両辺に2を掛けて分母を払った \\ \\ -\alpha\overrightarrow{OA}\cdot\overrightarrow{OB} - \beta|\overrightarrow{OB}|^2 + r\overrightarrow{OB}\cdot\overrightarrow{OC} = 0 \quad \cdots\cdots Ⓑ' \\ \quad \Leftrightarrow -\dfrac{1}{2}\alpha - \beta + \dfrac{1}{2}r = 0 \quad \blacktriangleleft ⑦と⑤と⑨を代入した \\ \quad \Leftrightarrow -\alpha - 2\beta + r = 0 \quad \cdots\cdots Ⓑ'' \quad \blacktriangleleft 両辺に2を掛けて分母を払った \end{cases}$$

が得られる。 ◀ あとはⒶ''とⒷ''からαとβを求めればよい！

さらに，

$\boxed{-2\times\text{Ⓐ}''+\text{Ⓑ}''}$ を考え， ◀ β を消去して α を求める！

$3\alpha = r$ ◀ $\begin{cases} 4\alpha+2\beta-2r=0 \cdots\cdots -2\times\text{Ⓐ}'' \\ -\alpha-2\beta+r=0 \cdots\cdots \text{Ⓑ}'' \end{cases}$

∴ $\underline{\alpha=\dfrac{r}{3}}$ ◀ α が求められた！

$\boxed{\text{Ⓐ}''-2\times\text{Ⓑ}''}$ を考え， ◀ α を消去して β を求める！

$3\beta = r$ ◀ $\begin{cases} -2\alpha-\beta+r=0 \cdots\cdots \text{Ⓐ}'' \\ 2\alpha+4\beta-2r=0 \cdots\cdots -2\times\text{Ⓑ}'' \end{cases}$

∴ $\underline{\beta=\dfrac{r}{3}}$ ◀ β が求められた！

以上より，$\overrightarrow{OH} = \alpha\overrightarrow{OA} + \beta\overrightarrow{OB}$ ……③ を考え

$\underline{\overrightarrow{OH} = \dfrac{r}{3}\overrightarrow{OA} + \dfrac{r}{3}\overrightarrow{OB}}$ ……③′ ◀ $\alpha=\dfrac{r}{3}$ と $\beta=\dfrac{r}{3}$ を代入した

が得られた！

[解答]
(1)
左図を考え，

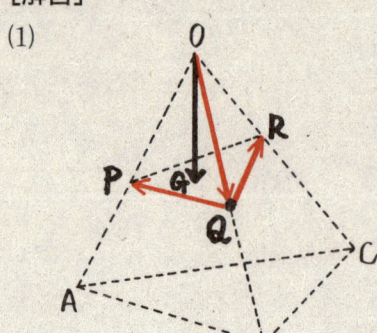

平面PQR上の点Gは
$\overrightarrow{OG} = \overrightarrow{OQ} + x\overrightarrow{QP} + y\overrightarrow{QR}$ ……①
[xとyはパラメーター]
と表せる。 ◀Point 5.2

さらに，
$\begin{cases} \overrightarrow{QP} = -\overrightarrow{OQ} + \overrightarrow{OP} \\ \overrightarrow{QR} = -\overrightarrow{OQ} + \overrightarrow{OR} \end{cases}$ がいえるので， ◀Point 1.9

$\overrightarrow{OG} = \overrightarrow{OQ} + x\overrightarrow{QP} + y\overrightarrow{QR}$ ……①
$= \overrightarrow{OQ} + x(-\overrightarrow{OQ} + \overrightarrow{OP}) + y(-\overrightarrow{OQ} + \overrightarrow{OR})$
$= x\overrightarrow{OP} + (1-x-y)\overrightarrow{OQ} + y\overrightarrow{OR}$ ◀整理した
$= xp\overrightarrow{OA} + (1-x-y)q\overrightarrow{OB} + yr\overrightarrow{OC}$ ……①′ ◀ $\begin{cases} \overrightarrow{OP} = p\overrightarrow{OA} \\ \overrightarrow{OQ} = q\overrightarrow{OB} \\ \overrightarrow{OR} = r\overrightarrow{OC} \end{cases}$ を代入した

が得られる。

ここで，
①′ と 問題文の $\overrightarrow{OG} = \dfrac{1}{4}\overrightarrow{OA} + \dfrac{1}{4}\overrightarrow{OB} + \dfrac{1}{4}\overrightarrow{OC}$ から，$\overrightarrow{OG} = \overrightarrow{OG}$ を考え

$xp\overrightarrow{OA} + (1-x-y)q\overrightarrow{OB} + yr\overrightarrow{OC} = \dfrac{1}{4}\overrightarrow{OA} + \dfrac{1}{4}\overrightarrow{OB} + \dfrac{1}{4}\overrightarrow{OC}$ ……(∗)

が得られるので，

$\overrightarrow{OA}$ と $\overrightarrow{OB}$ と $\overrightarrow{OC}$ は1次独立であることを考え，(∗) から
$\begin{cases} xp = \dfrac{1}{4} \ \cdots\cdots @ \\ (1-x-y)q = \dfrac{1}{4} \ \cdots\cdots ⓑ \\ yr = \dfrac{1}{4} \ \cdots\cdots ⓒ \end{cases}$
◀($\overrightarrow{OA}$の係数)=($\overrightarrow{OA}$の係数)
◀($\overrightarrow{OB}$の係数)=($\overrightarrow{OB}$の係数)
◀($\overrightarrow{OC}$の係数)=($\overrightarrow{OC}$の係数)

がいえる。 ◀Point 4.1

平面のベクトル表示　37

さらに,

$\boxed{\dfrac{1}{p}\times ⓐ+\dfrac{1}{q}\times ⓑ+\dfrac{1}{r}\times ⓒ}$ より　◀ x と y を消去する（[考え方]参照）

$$x+(1-x-y)+y=\dfrac{1}{4}\cdot\dfrac{1}{p}+\dfrac{1}{4}\cdot\dfrac{1}{q}+\dfrac{1}{4}\cdot\dfrac{1}{r}$$

$\Leftrightarrow 1=\dfrac{1}{4}\cdot\dfrac{1}{p}+\dfrac{1}{4}\cdot\dfrac{1}{q}+\dfrac{1}{4}\cdot\dfrac{1}{r}$　◀ x と y が消えた！

$\therefore\ \underline{\underline{4=\dfrac{1}{p}+\dfrac{1}{q}+\dfrac{1}{r}}}$　◀両辺に4を掛けた　(q.e.d.)

(2)

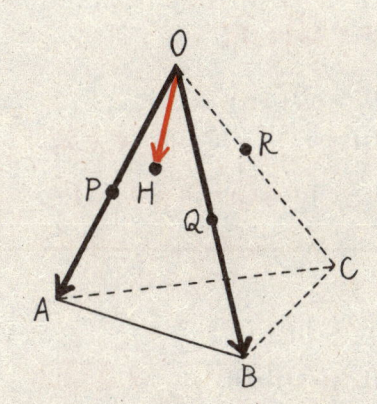

点 H は平面 OAB 上の点だから
$\overrightarrow{OH}=\alpha\overrightarrow{OA}+\beta\overrightarrow{OB}$ ……②
[α と β はパラメーター]
と表せる。　◀ Point 5.1

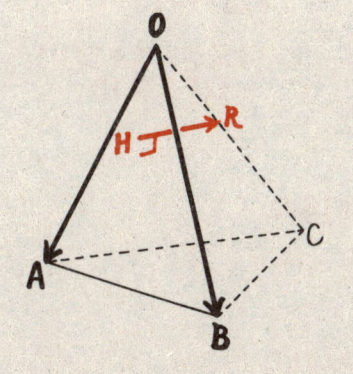

また, 左図のように

$\overrightarrow{OA}$ と $\overrightarrow{OB}$ を含む平面に対して
$\overrightarrow{HR}$ が垂直になっているので
$\begin{cases}\overrightarrow{OA}\cdot\overrightarrow{HR}=0 &……Ⓐ\\ \overrightarrow{OB}\cdot\overrightarrow{HR}=0 &……Ⓑ\end{cases}$
がいえる。　◀ Point 5.3

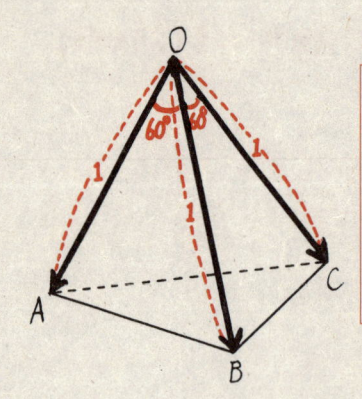

ここで,

四面体 OABC は，辺の長さが 1 の正四面体であることを考え,
$$\begin{cases} |\vec{OA}| = |\vec{OB}| = |\vec{OC}| = 1 \cdots\cdots ③ \\ \vec{OA}\cdot\vec{OB} = \vec{OA}\cdot\vec{OC} = \vec{OB}\cdot\vec{OC} = \dfrac{1}{2} \cdots\cdots ④ \end{cases}$$
がいえる ので, ◀ [考え方] 参照

$\vec{HR} = -\alpha\vec{OA} - \beta\vec{OB} + r\vec{OC}$ より, ◀ $\vec{HR} = -\vec{OH} + \vec{OR}$

$\vec{OA}\cdot\vec{HR} = 0 \cdots\cdots Ⓐ \Leftrightarrow \vec{OA}\cdot(-\alpha\vec{OA} - \beta\vec{OB} + r\vec{OC}) = 0$
$\phantom{\vec{OA}\cdot\vec{HR} = 0 \cdots\cdots Ⓐ} \Leftrightarrow -\alpha|\vec{OA}|^2 - \beta\vec{OA}\cdot\vec{OB} + r\vec{OA}\cdot\vec{OC} = 0$ ◀ 展開した
$\phantom{\vec{OA}\cdot\vec{HR} = 0 \cdots\cdots Ⓐ} \Leftrightarrow -\alpha\cdot 1^2 - \beta\cdot\dfrac{1}{2} + r\cdot\dfrac{1}{2} = 0$ ◀ ③と④を代入した
$\phantom{\vec{OA}\cdot\vec{HR} = 0 \cdots\cdots Ⓐ} \therefore\ -2\alpha - \beta + r = 0 \cdots\cdots Ⓐ'$ ◀ 両辺に2を掛けて分母を払った

$\vec{OB}\cdot\vec{HR} = 0 \cdots\cdots Ⓑ \Leftrightarrow \vec{OB}\cdot(-\alpha\vec{OA} - \beta\vec{OB} + r\vec{OC}) = 0$
$\phantom{\vec{OB}\cdot\vec{HR} = 0 \cdots\cdots Ⓑ} \Leftrightarrow -\alpha\vec{OA}\cdot\vec{OB} - \beta|\vec{OB}|^2 + r\vec{OB}\cdot\vec{OC} = 0$ ◀ 展開した
$\phantom{\vec{OB}\cdot\vec{HR} = 0 \cdots\cdots Ⓑ} \Leftrightarrow -\alpha\cdot\dfrac{1}{2} - \beta\cdot 1^2 + r\cdot\dfrac{1}{2} = 0$ ◀ ③と④を代入した
$\phantom{\vec{OB}\cdot\vec{HR} = 0 \cdots\cdots Ⓑ} \therefore\ -\alpha - 2\beta + r = 0 \cdots\cdots Ⓑ'$ ◀ 両辺に2を掛けて分母を払った

よって, Ⓐ'とⒷ'から

$\alpha = \dfrac{r}{3}$ と $\beta = \dfrac{r}{3}$ が得られるので, ◀ [考え方] 参照

$\vec{OH} = \alpha\vec{OA} + \beta\vec{OB} \cdots\cdots ②$ より

$\vec{OH} = \dfrac{r}{3}(\vec{OA} + \vec{OB})$ ◀ $\alpha = \dfrac{r}{3}$ と $\beta = \dfrac{r}{3}$ を代入した (q.e.d.)

<メモ>

<メモ>

© 2003 Masahiro Hosono, Printed in Japan.

[著者紹介]
細野真宏（ほその まさひろ）

　細野先生は、大学在学中から予備校で多くの受験生に教える傍ら、大学3年のとき『細野数学シリーズ』を執筆し、受験生から圧倒的な支持を得て、これまでに累計200万部を超える大ベストセラーになっています。

　また、大学在学中から「ニュースステーション」のブレーンや、ラジオのパーソナリティを務めるなどし、99年に出版された『細野経済シリーズ』の第1弾『日本経済編』は経済書では日本初のミリオンセラーを記録し、続編の『世界経済編』などもベストセラー1位を記録し続けるなど、あらゆる世代から「カリスマ」的な人気を博しています。

　数学が昔から得意だったか、というとそうではなく、高3のはじめの模試での成績は、なんと200点中わずか8点（！）で偏差値30台という生徒でした。しかし独自の学習法を編み出した後はグングン成績を伸ばし、大手予備校の模試において、全国で総合成績2番、数学は1番を獲得し、偏差値100を超える生徒に変身しました。

　細野先生自身、もともと数学が苦手だったので、苦手な人の思考過程を痛いほど熟知しています。その経験をいかして、本書や「Hosono's Super School」では、高度な内容を数学初心者でもわかるように講義しています。

　「一体全体、成績の驚異的アップの秘密はドコにあるの？」と本書を手にとった皆さん、知りたい答のすべてが、この本のシリーズと「Hosono's Super School」の講義の中に示されています！

大好評の「Hosono's Super School」について、資料請求ご希望の方は、
〒162-0042　東京都新宿区早稲田町81　大塚ビル3階
Hosono's Super School事務局
（☎03-5272-6937／FAX 03-5272-6938）までご連絡ください。

細野真宏のベクトル[空間図形]が本当によくわかる本

2003年 5月20日　初版第1刷発行
2018年11月21日　第9刷発行
著　者　　細野真宏
発行者　　野村敦司
発行所　　株式会社　小学館
　　　　　〒101-8001
　　　　　東京都千代田区一ツ橋2-3-1
　　　　　電話　編集／03(3230)5632
　　　　　　　　販売／03(5281)3555
　　　　　http://www.shogakukan.co.jp

印刷所・製本所　図書印刷株式会社
装幀／竹歳明弘（パイン）　編集協力／川村寛（小学館クリエイティブ）
制作担当／浦城朋子　販売担当／山本恵　編集担当／藤田健彦

Ⓒ 2003　Masahiro Hosono, Printed in Japan.
ISBN 4-09-837404-8 Shogakukan,Inc.

●定価はカバーに表示してあります。
●造本には十分注意しておりますが、印刷、製本など製造上の不備がございましたら、「制作局コールセンター」(0120-336-340)にご連絡ください（電話受付は土・日・祝休日を除く9:30〜17:30）。
●本書の無断での複写（コピー）、上演、放送等の二次利用、翻案等は、著作権法上の例外を除き禁じられています。
●本書の電子データ化などの無断複製は著作権法上での例外を除き禁じられています。代行業者等の第三者による本書の電子的複製も認められておりません。